信息技术实践教程

主　编　胡海锋　马伟良　黄润琴

副主编　洪雅敏　郑翠萍　廖化锋

参　编　黄惇晶　李建飞　马胜兰

厦门大学出版社　国家一级出版社
XIAMEN UNIVERSITY PRESS　全国百佳图书出版单位

图书在版编目（CIP）数据

信息技术实践教程 / 胡海锋，马伟良，黄润琴主编
. -- 厦门：厦门大学出版社，2024.6
　　ISBN 978-7-5615-9025-6

　　Ⅰ．①信… Ⅱ．①胡… ②马… ③黄… Ⅲ．①电子计
算机-高等职业教育-教材 Ⅳ．①TP3

中国国家版本馆CIP数据核字(2023)第102764号

责任编辑　眭　蔚
美术编辑　李嘉彬
技术编辑　许克华

出版发行　厦门大学出版社
社　　址　厦门市软件园二期望海路 39 号
邮政编码　361008
总　　机　0592-2181111　0592-2181406(传真)
营销中心　0592-2184458　0592-2181365
网　　址　http://www.xmupress.com
邮　　箱　xmup@xmupress.com
印　　刷　厦门市竞成印刷有限公司

开本　787 mm×1 092 mm　1/16
印张　16.25
字数　406 千字
版次　2024 年 6 月第 1 版
印次　2024 年 6 月第 1 次印刷
定价　42.00 元

厦门大学出版社
微信二维码

厦门大学出版社
微博二维码

前　言

　　在当今社会中，信息技术俨然成为促进社会经济发展的重要驱动力。随着信息技术的快速发展，信息技术不断地运用到人们的工作和学习当中，与人们的日常生产和生活结合得越来越紧密。信息技术涵盖了信息的获取、表示、传输、存储、加工、应用等各种技术，对信息的获取、控制、应用等能力已经成了21世纪人才所必须具备的基本素质，也被作为衡量一个人文化素质高低的重要标准。因此，掌握信息技术的基础知识，熟练使用计算机进行信息处理是当代大学生必备的素质和能力，信息技术也成为大学生学习的重要科目，成为当代大学生知识结构中必不可少的部分。

　　本书作为《信息技术》教材的配套实验指导书，按照课程特点，从实用角度出发，根据《信息技术》教材设计了丰富的实用案例。本书基于目前流行的Windows 10操作系统和Office 2016办公软件进行编写，全书的章节以实验项目方式进行设计，包含七个部分，分别是第一章 Windows 10 操作系统的管理与操作、第二章 Word 2016 文字处理软件操作实践、第三章 Excel 2016 电子表格处理软件操作实践、第四章 PowerPoint 2016 演示文稿操作实践、第五章计算机网络基础及应用、第六章实用工具软件的使用、第七章 Python 程序设计入门。选用本书的教师可依据各自的教学目标、进度安排、学生原有的基础以及学生知识的实际掌握情况，选用不同的案例进行实践教学与操作。

　　由于编者水平有限，书中难免存在疏漏和不足之处，欢迎读者提出意见和建议。

编　者
2024 年 5 月

目　录

第一章　Windows 10 操作系统的管理与操作

　　Windows 是由 Microsoft 公司开发的一种具有图形用户界面的操作系统,是目前世界上最为成熟和流行的操作系统之一。Windows 操作系统包括多个版本,本章以 Windows 10 操作系统为例。通过对本章的学习,可了解 Windows 10 操作系统相关概念,学习 Windows 10操作系统的基本操作,掌握文件管理、磁盘管理、控制面板以及系统设置的常用方法等。完成本章操作主要涉及以下知识点。

知识点 1:操作系统的基本知识

　　操作系统(operating system,OS)是最基本的系统软件,是计算机系统本身能有效工作的必备软件。操作系统的任务是管理计算机硬件资源并且管理其上的信息资源(程序和数据),支持计算机上各种硬件和软件的运行与相互通信。操作系统本身又由许多程序组成,其中有的管理 CPU、内存的工作,有的管理外存储器上信息的存取,有的管理输入输出操作。用户要通过操作系统提供的命令和其他服务去操纵计算机。因此,操作系统是用户与计算机之间的接口。

　　操作系统位于底层硬件与用户之间,是两者沟通的桥梁。用户可以通过操作系统的用户界面输入命令,操作系统则对命令进行解释,驱动硬件设备,实现用户要求。Windows 10 操作系统比之前 Windows 7 多了不少功能,主要有:

　　(1)商店。可以从商店下载软件,这些软件叫 UWP,因为是从 Microsoft 的商店下载的,所以比 exe 更有保障。

　　(2)虚拟桌面,虚拟桌面让 PC 具有类似 macOS 的功能,可以让用户不止有一个桌面,可以多桌面的方式进行管理。

　　(3)Hyper-V 虚拟机。这是 Microsoft 为 Windows 10 定制的,可以安装不同的操作系统,如 Linux。这和 Vmware、VirtualBox 软件的功能类似。

知识点 2:Windows 10 系统桌面

　　Windows 10 系统桌面包括桌面图标、桌面背景和任务栏等,是用户与计算机进行交流的窗口,可以放置经常用到的快捷方式和文件夹图标,如图 1-1 所示。

　　图标代表一个程序、数据文件、系统文件或文件夹等对象的图形标记,用户可以根据自己的需要在桌面上建立其他应用程序或存储路径的快捷方式图标。常用的桌面图标包括此电脑、网络、Internet Explorer、回收站等。

　　在 Windows 10 系统中,桌面最底下的一个栏条称为任务栏。任务栏的作用就是快速

图 1-1　Windows 10 系统桌面组成

地对系统进行相应的设置及使用习惯的调整。任务栏里可以显示软件及应用程序的图标、时间、输入法、声音、本地连接等内容。任务栏如图 1-2 所示。

图 1-2　任务栏

知识点 3：Windows 10 系统基本操作对象

　　(1)窗口：Windows 10 中启动程序或打开文件夹时，系统会打开一个矩形方框，这就是窗口。Windows 10 窗口分为文件夹窗口和应用程序窗口，窗口的基本操作主要有打开与关闭窗口、调整窗口大小、移动窗口、排列窗口与切换窗口等。不同窗口的组成元素不同，典型元素包括菜单栏、工具栏、窗口控制按钮和滚动条等。

　　(2)对话框：对话框是 Windows 10 系统中系统与用户对话的窗口，用于提供参数选项供用户设置。不同的对话框，其组成元素不同，如图 1-3 所示为"文件夹选项"对话框。

　　(3)菜单：菜单以列表形式组织命令，通过执行菜单中的相应命令执行操作。Windows 10 系统菜单包括"开始"菜单、窗口控制菜单、应用程序菜单(下拉菜单)和右键快捷菜单等。菜单中常用的符号与含义如表 1-1 所示。

表 1-1　菜单常用符号与含义

名称	含义
灰色菜单	表示当前状态下不可使用
命令后有"…"	表示执行该命令会弹出对话框
命令前有"●"	表示一组命令中，有"●"标识的命令当前被选中
命令前有"√"	标识此命令有两种状态：已执行和未执行。有"√"标识，标识此命令已执行；反之，未执行

图 1-3 "文件夹选项"对话框

（4）任务管理器：Windows 10 系统中，按下"Ctrl＋Alt＋Delete"组合键可弹出任务选项列表，执行"启动任务管理器"命令，弹出如图 1-4 所示的"任务管理器"对话框。"详细信息"选项卡可关闭应用程序；"进程"选项卡显示当前正在运行的进程；除此之外，通过任务管理器还可以观察当前已登录的用户数、CPU 的使用率等信息。

任务管理器				
文件(F) 选项(O) 查看(V)				
进程 性能 应用历史记录 启动 用户 详细信息 服务				
			4%	19%
名称	状态		CPU	内存
应用 (3)				
Microsoft Word (2)			2.7%	310.0 MB
Windows 资源管理器			0.1%	60.2 MB
任务管理器			0.1%	21.6 MB
后台进程 (45)				
Agent for EasyConnect (32 位)			0%	3.2 MB
Application Frame Host			0%	4.5 MB
Autodesk Desktop Licensing ...			0%	2.3 MB
Autodesk Genuine Service (3...			0.1%	3.4 MB
COM Surrogate			0%	1.9 MB
CTF 加载程序			0.4%	12.2 MB
Device Association Framewo...			0%	4.1 MB

简略信息(D)　　　　　　　　　　　　　　　　结束任务(E)

图 1-4 任务管理器——进程

知识点 4：Windows 10 系统的文件管理

（1）文件：计算机中的程序和数据以文件的形式保存在计算机外存储器中。文件是计算机用来存储和管理信息的基本单位。文件名由主名和扩展名组成，中间用"."隔开，主文件名最多由 255 个字符组成，扩展名决定了文件类型，一般由 3 或 4 个字符组成。文件名不能包含以下字符："\""/"":"" * ""?""|"""""<"">"等。文件的属性有三种：只读、存档、隐藏。

（2）文件夹：文件夹是用来组织和管理磁盘文件的一种数据结构，一般采用树状结构存储。文件夹的命名规则同文件的命名规则。

（3）资源管理器：资源管理器用于管理或查看本地计算机的所有资源，以树形文件系统结构直观展示计算机中的文件和文件夹，同时提供了搜索功能，便于快速查找文件或文件夹，如图 1-5 所示。

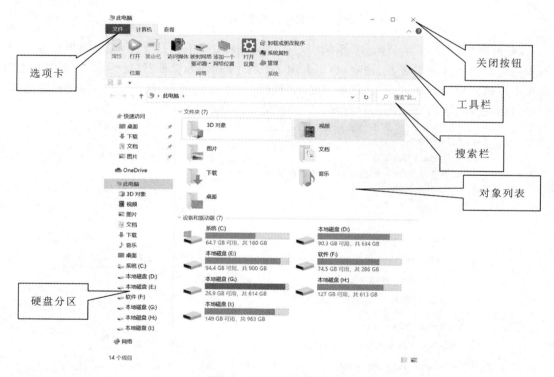

图 1-5　"资源管理器"窗口

知识点 5：Windows 10 系统的设置

Windows 设置是用户对计算机系统进行设置的重要工作界面，用于对操作系统及设备进行设置和管理。允许用户查看并对基本的系统环境进行设置，如添加/删除软件、用户账户管理，修改日期和时间选项，添加/删除输入法，添加/删除打印机硬件设备等，如图 1-6 所示。

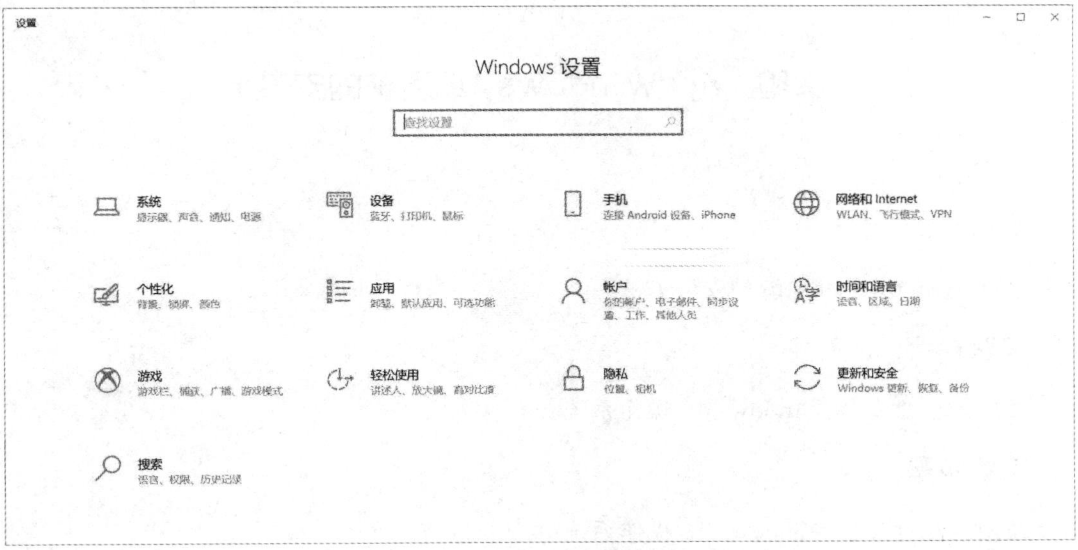

图 1-6　"Windows 设置"窗口

知识点 6：Windows 10 系统常用快捷键

如表 1-2 所示。

表 1-2　Windows 10 系统常用快捷键

快捷键	功能
Ctrl＋C	复制
Ctrl＋X	剪切
Ctrl＋V	粘贴
Ctrl＋Shift	切换输入法
Shift＋Space	全角和半角的切换
Print Screen	将整个屏幕截图保存到剪贴板
Alt＋Print Screen	将当前窗口截图保存到剪贴板
F1	帮助

实验 1-1　Windows 10 系统的安装

实验目的

掌握 Windows 10 系统的安装方法。

实验内容

使用闪存盘安装 Windows 10 操作系统。

实验步骤

使用闪存盘安装 Windows 10 操作系统。

步骤(1):准备好闪存启动盘,并复制好 Windows 10 系统安装程序到闪存盘。

步骤(2):进入 BIOS 设置,将首先启动的设备设置为 USB 设备。

步骤(3):插好闪存盘启动计算机,选择安装 Windows 10 系统。

步骤(4):安装过程自动完成后,拔下闪存盘重新启动计算机,即可完成安装过程。

实验 1-2　Windows 10 系统的启动、关闭和重启

实验目的

1. 掌握 Windows 10 系统的开关机方法;
2. 掌握 Windows 10 系统重新启动方法。

实验内容

1. 启动 Windows 10 系统;
2. 关闭 Windows 10 系统;
3. 重新启动 Windows 10 系统。

实验步骤

1. 启动 Windows 10 系统。

步骤(1):连接显示器与主机电源。

步骤(2):打开显示器电源开关。

步骤(3):打开主机电源开关。

步骤(4):开机后,计算机进入自检状态,显示主板型号、CPU 型号、内存容量等信息。

步骤(5):引导 Windows 10 操作系统后,若设置了密码,则出现登录验证界面,单击用户账号出现密码输入框,输入密码后按回车键可正常进入系统;若没有设置密码,系统会自动进入 Windows 10 系统。

2. 关闭 Windows 10 系统。

步骤(1):保存文档,关闭所有已打开的应用程序。

步骤(2):单击"开始"按钮,弹出"开始"菜单→电源→单击"关机"按钮,如图 1-7 所示。

图 1-7　"关机"按钮

步骤(3):等显示器黑屏后,按下显示器的电源开关,关闭显示器。

步骤(4):若长时间不使用计算机,则应切断主机和显示器电源。

3. 重新启动 Windows 10 系统。

步骤(1):单击"开始"按钮,选择"电源"选项。

步骤(2):在出现的子菜单中选择"重启"。

实验 1-3　Windows 10 系统个性化设置

实验目的

1. 掌握 Windows 10 系统桌面背景设置;

2. 掌握调整屏幕分辨率的方法;

3. 掌握屏幕保护设置方法。

实验内容

1. 设置 Windows 10 系统桌面背景;

2. 调整屏幕分辨率;

3. 设置屏幕保护程序。

实验步骤

1. 设置 Windows 10 系统桌面背景。

步骤(1):桌面空白处右击→在弹出的快捷菜单中选择"个性化",弹出如图 1-8 所示窗口。

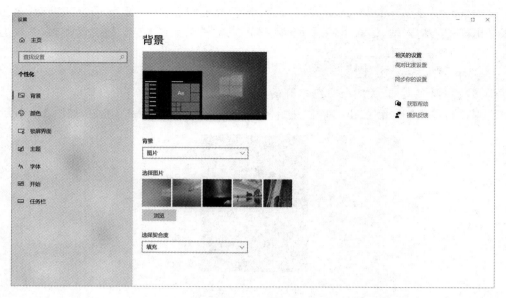

图 1-8 "个性化"窗口

步骤(2):在"个性化"窗口中,单击"背景"选项,弹出如图 1-9 所示的对话框,选择桌面背景。

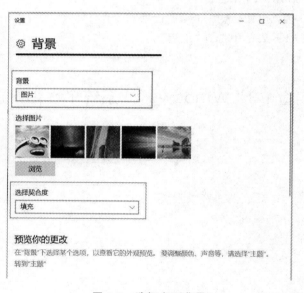

图 1-9 选择桌面背景

步骤(3):选择某一背景图片,或单击"浏览"按钮选择计算机中的图片作为桌面背景。

步骤(4):单击"保存修改",完成桌面背景设置。

2. 调整屏幕分辨率。

步骤(1):桌面空白处右击→在弹出的快捷菜单中选择"显示设置",弹出如图 1-10 所示窗口。

图 1-10　设置屏幕分辨率

步骤（2）：在"显示"的对话框中，点击"显示分辨率"下拉按钮，选择显示器的最佳分辨率。

3. 设置屏幕保护程序。

步骤（1）：桌面空白处右击→在弹出的快捷菜单中选择"个性化"，在弹出窗口选择"锁屏界面"（图 1-11），在对话框的右侧选择"屏幕保护程序设置"。

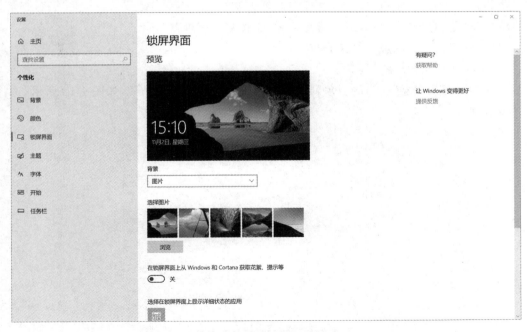

图 1-11　"屏幕保护程序设置"对话框

步骤(2)：在"屏幕保护程序"下拉列表中选择"3D 文字"。

步骤(3)：在"等待"数值框中设置启动屏幕保护程序所需的时间，若勾选"在恢复时显示登录屏幕"表示在退出屏幕保护程序时，返回登录界面。

步骤(4)：单击"确定"完成屏幕保护程序设置操作。

实验 1-4　Windows 10 系统资源管理器

实验目的

1. 学会资源管理器的启动方式；
2. 掌握应用资源管理器改变图标的显示与排序方式。

实验内容

1. 启动资源管理器；
2. 改变图标显示方式；
3. 改变图标排序方式。

实验步骤

1. 启动资源管理器。

法一：右击"开始"菜单→选择"文件资源管理器"。

法二：单击"开始"→"Windows 系统"→" 文件资源管理器"。

法三：按下键盘上的 ⊞ ＋E 组合键。

2. 改变图标显示方式。

步骤："资源管理器"窗口的对象列表空白区域右击→选择"查看"，如图 1-12 所示，选择图标显示方式。

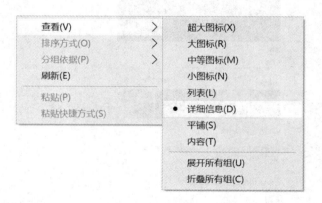

图 1-12　改变图标显示方式

3. 改变图标排序方式。

步骤："资源管理器"窗口的对象列表空白区域右击→选择"排序方式"，如图 1-13 所示，选择图标排序方式。

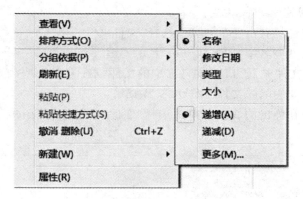

图 1-13　改变图标排序方式

实验 1-5　Windows 10 系统文件和文件夹管理

实验目的

1. 熟练掌握文件或文件夹选择、新建、重命名、移动和复制等操作；

2. 学会查找文件或文件夹。

实验内容

1. 选择文件或文件夹；

2. 在"实验 1-5"文件夹中新建一个名为"BEST"的文件夹；

3. 将"实验 1-5"文件夹下"TIU"文件夹中的文件"ZHUCE. BAS"删除；

4. 将"实验 1-5"文件夹下"TIU"文件夹中的"YIN. DOCX"文件复制到同一文件夹下的"TYZ"文件夹中，并重命名为"DNC. DOCX"；

5. 将"实验 1-5"文件夹下"TIU"文件夹中的"FJ. TXT"文件属性设置为只读；

6. 利用查找功能查找"实验 1-5"文件夹下的"LIST. TXT"文件，并将其拷贝到"TIU"文件夹下。

实验步骤

1. 选择文件或文件夹。

单个文件或文件夹：直接单击该文件或文件夹。

连续的多个文件或文件夹：单击要选择的第一个文件或文件夹→按住"Shift"键→单击最后一个文件或文件夹。也可以通过按住鼠标拖曳的方式选择连续的多个文件或文件夹。

不连续的多个文件或文件夹：单击要选择的第一个文件或文件夹→按住"Ctrl"键→依次单击要选择的其他文件或文件夹。

2. 在"实验1-5"文件夹中新建一个名为"BEST"的文件夹。

步骤（1）：打开"实验1-5"文件夹。

步骤（2）：窗口空白处右击→"新建"→选择"文件夹"。

步骤（3）：输入文件夹名字"BEST"→按"Enter"键。

3. 将"实验1-5"文件夹下"TIU"文件夹中的文件"ZHUCE. BAS"删除。

步骤（1）：选中需要删除的文件"ZHUCE. BAS"。

步骤（2）：右击→在弹出的快捷菜单中选择"删除"（或按下"Delete"键），弹出如图1-14所示的对话框。

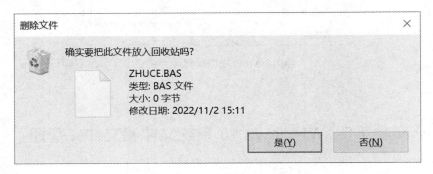

图1-14　"删除文件"对话框

步骤（3）：在"删除文件"对话框中单击"是"按钮，即可删除文件。

删除文件夹的方法同上。以上方法删除的文件或文件夹会被放入回收站中，通过右击回收站中的文件或文件夹，在快捷菜单中选择"还原"，如图1-15所示，即可将删除的文件还原回原来的位置。在以上步骤（2）操作中，若使用快捷键"Shift"＋"Delete"则实现文件彻底删除操作，文件不再放入回收站中。

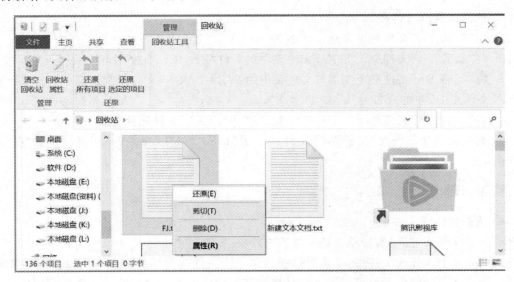

图1-15　还原菜单

4. 将"实验 1-5"文件夹下"TIU"文件夹中的"YIN. DOCX"文件复制到同一文件夹下的"TYZ"文件夹中,并重命名为"DNC. DOCX"。

步骤(1):选中要复制的文件"YIN. DOCX"。

步骤(2):右击→在弹出的快捷菜单中选择"复制"(也可以使用快捷键 Ctrl+C)。

步骤(3):打开目标文件夹"TYZ"。

步骤(4):空白处右击→在弹出的快捷菜单中选择"粘贴"(也可以使用快捷键 Ctrl+V)。

步骤(5):单击需要重命名的文件"YIN. DOCX"→右击→选择"重命名"→输入新的名字"DNC. DOCX"→按"Enter"键,即可完成文件的重命名。

5. 将"实验 1-5"文件夹下"TIU"文件夹中的"FJ. TXT"文件属性设置为只读。

步骤(1):选中要修改属性的文件"FJ. TXT"。

步骤(2):右击→在弹出的快捷菜单中选择"属性"。

步骤(3):在打开的如图 1-16 所示窗口中,选中"只读"复选框。

图 1-16　修改属性

步骤(4):单击"确定",完成文件属性修改操作。

6. 利用查找功能查找"实验 1-5"文件夹下的"LIST. TXT"文件,并将其拷贝到"TIU"

文件夹下。

步骤(1)：打开"实验 1-5"文件夹，在其右侧搜索框窗口（如图 1-17 所示）中输入"LIST. TXT"，按下"Enter"键，系统自动搜索文件。

图 1-17　搜索窗口

步骤(2)：选中搜索到的"LIST. TXT"文件→右击→在弹出的快捷菜单中选择"复制"。

步骤(3)：打开目标文件夹 TIU。

步骤(4)：空白处右击→在弹出的快捷菜单中选择"粘贴"，完成操作。

有时不一定记得文件或文件夹的全名，可以借助通配符"＊"或"?"实现模糊查找，"＊"代表一个或多个任意字符，"?"只代表一个字符。如"? c＊.bmp"表示第二个字符为 c 的 bmp 图片文件。

实验 1-6　使用 Windows 设置功能

实验目的

掌握应用 Windows 设置功能对系统软硬件参数进行设置。

实验内容

1. 时间和语言设置；
2. 添加/删除程序；
3. 修改系统时间；
4. 添加输入法。

实验步骤

打开 Windows 设置的方法："开始"菜单→选择"设置"，如图 1-18 所示。

图 1-18 打开 Windows 设置

1. 时间和语言设置。

单击图 1-18 所示的 Windows 设置窗口内的"日期和时间"选项,可打开如图 1-19 所示的功能面板,可进行更改时区或按时区改变时间的操作。单击"立即同步"按钮,可以强制计算机与 Internet 标准时间服务器同步时钟。

步骤(1):点击开始菜单"设置",在弹出的"Windows 设置"的对话框中选择"时间和语言"选项。

步骤(2):或者在 Windows 10 系统的右下方时间处点鼠标右键,选择"调整日期/时间"。

步骤(3):在日期和时间界面中,点击"立即同步",如图 1-19 所示。

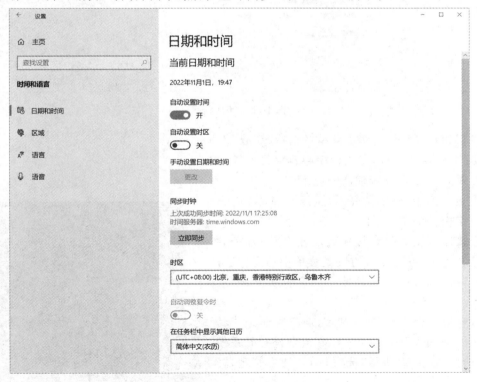

图 1-19 时间和语言设置

15

安装中文版 Windows 时默认选择中文环境,如需更换其他区域环境,可在如图 1-19 所示的面板中单击"区域""语言"等选项,设置文字显示、语音沟通时的默认语言环境。

2. 添加/删除程序。

若需要添加程序,下载需要安装的应用程序,找到安装包中扩展名为".exe"的安装文件,双击安装文件,根据安装向导,完成应用程序安装。

卸载应用程序步骤如下:

步骤(1):打开"Windows 设置"窗口,单击"应用"按钮。

步骤(2):在弹出的如图 1-20 所示窗口中,点击"应用和功能"对话框中需要卸载的应用程序的名称。

图 1-20　卸载程序

步骤(3):在弹出的快捷菜单中选择"卸载"。

步骤(4):根据提示完成程序卸载相关步骤。

3. Windows 任务管理器的使用。

步骤(1):在开始菜单中打开浏览器、腾讯QQ、写字板三个应用程序。

步骤(2):在"开始"按钮处右击,或在任务栏空白处右击,均可在弹出的快捷菜单中选择"任务管理器"命令,如图 1-21 所示,打开"任务管理器"窗口。

有时出现程序卡死,电脑无响应等非正常情况,此时可按下"Ctrl＋Alt＋Del"组合键打开系统界面,选择"任务管理器"选项打开"任务管理器"窗口。

步骤(3):在如图 1-22 所示的"任务管理器"窗

图 1-21　打开任务管理器

口中选定"腾讯 QQ"应用程序,单击"结束任务"按钮即可。

图 1-22　任务管理器

实验 1-7　Windows 10 系统的附件程序

实验目的

1. 掌握画图软件使用方法;
2. 掌握应用计算器进行进制转换操作。

实验内容

1. 利用画图软件绘制一个红色五角星,保存为 256 色位图文件;
2. 利用计算器将十进制数"125"转换为二进制数。

实验步骤

1. 利用画图软件绘制一个红色五角星,保存为 256 色位图文件。

步骤(1):单击"开始"菜单→选择"Windows 附件"→"画图"。

步骤(2):在弹出的窗口中,选择"颜色"选项组中"红色",并在"形状"选项组的"形状"
下拉列表中选择五角星,如图 1-23 所示。

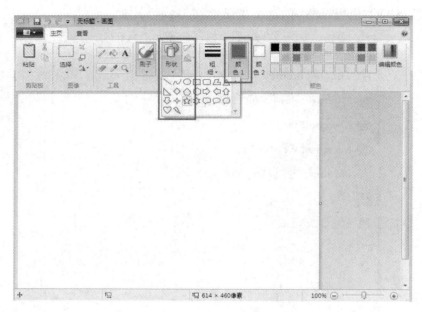

图 1-23 画图软件

步骤(3):按住鼠标左键拖动鼠标,画出五角星图案。

步骤(4):单击保存按钮,在弹出的对话框中,保存类型下拉列表框选择"256 色位图",如图 1-24 所示。

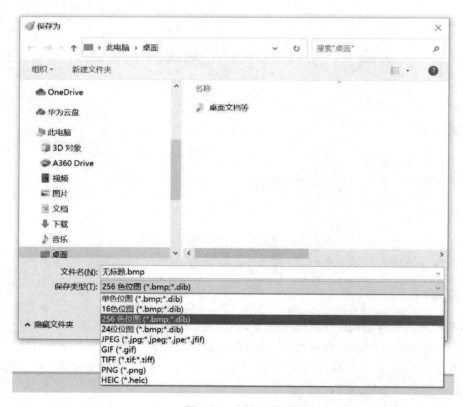

图 1-24 保存图片

步骤(5)：单击"保存"按钮，完成操作。

2. 利用计算器将十进制数"125"转换为二进制数。

步骤(1)：单击"开始"菜单→"附件"→"计算器"。

步骤(2)：单击左上角菜单→选择"程序员"，弹出如图 1-25 所示的"计算器"窗口。

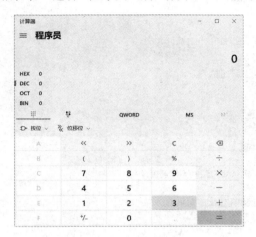

图 1-25　"计算器"窗口

步骤(3)：选中十进制的"DEC"单选按钮。

步骤(4)：输入十进制数"125"。

步骤(5)：单击二进制的"BIN"单选按钮，完成数据进制转换操作。

实验 1-8　远程桌面的配置与使用

实验目的

掌握应用远程桌面功能实现通过网络远程控制某台计算机。

实验内容

1. 开启远程桌面；

2. 登录远程桌面。

实验步骤

当某台计算机开启了远程桌面连接功能后，就可以在网络另一端控制这台计算机。通过远程桌面功能可以实时操作这台计算机，实现安装软件、运行程序、查看数据等功能。

1. 开启远程桌面。

步骤(1)：右击桌面"此电脑"图标→"属性"。

步骤(2)：在弹出的窗口中，单击"高级系统设置"。

步骤(3)：在弹出如图 1-26 所示的"系统属性"窗口中，选择"远程"选项卡。

图 1-26 "系统属性"窗口

步骤(4)：在"远程协助"组中选中"允许远程协助连接这台计算机"，在"远程桌面"组中选中"允许远程连接到此计算机"，也可以单击"选择用户"指定允许远程连接的用户。

步骤(5)：单击"确定"按钮。

步骤(6)：进入"Windows 设置"的用户账号，在打开的窗口中设置账户名及密码，完成远程桌面设置。

2. 登录远程桌面。

单击"开始"菜单→选择"所有程序"→"附件"→"远程桌面连接"→输入计算机名或者 IP 地址→"连接"→输入用户名及密码→单击"确定"。

实验拓展——Windows 10 文件夹的操作

在 D 盘建立以自己学号命名的文件夹，在学号文件夹下建立"my book"、"my music"、"my pic"、"my game"四个文件夹并完成以下操作。

1. 将"my pic"改名为"my pictures"。

2. 查找 C:\Windows 下的所有扩展名为"wav"和"mid"的文件，并将这些文件复制到

"my music"文件夹下。

3. 在"my music"文件夹下建立一个名为"my wave"的子文件夹。

4. 将"my music"下扩展名为 wav 的文件移动到"my wave"文件夹。

5. 将"my music"下的 mid 文件移动到"my game"文件夹。

6. 将"my pictures"文件夹设置为隐藏。

第二章　Word 2016 文字处理软件操作实践

　　办公软件是日常学习和工作中必备的基础软件,可以帮助创建专业而优雅的文档,可对数据资料进行整理、统计与分析,创建和展示动态效果丰富的演示文稿,提升工作效率。常用的办公自动化软件有 Microsoft 公司的 Microsoft Office 系列软件和金山公司的 WPS Office系列办公软件。

　　Microsoft Office 2016 是一个功能强大的办公软件包,包括 Word、Excel、PowerPoint、Outlook、Publisher、OneNote、Access 等组件。

　　文字处理软件 Word 2016 增加了多窗口显示功能;"插入"菜单中可以非常方便地导入一些常用小图标;增加了"屏幕截图"功能;在"视图"中增加了"垂直"和"翻页"选项,可以自由切换页面视图为横向或者纵向显示;增加了"学习工具",可以修改文字间距,启用朗读功能;在菜单栏右侧增加了"搜索框",如果找不到 Word 中的一些功能,可以直接在搜索框中输入关键字进行调用。本项目实践过程中需要以下这些知识点。

知识点 1:文件的安全设置

　　在日常工作中有时候需要对文档进行保护,防止被恶意篡改,保护的方式有以下 4 种。

　　1. 限制编辑

　　单击"审阅"→"保护"组→"限制编辑"命令,打开"限制编辑"任务窗格,勾选"编辑限制",单击下拉箭头,出现 4 个下拉选项,如选择"修订",单击"是,启动强制保护"按钮,弹出"启动强制保护"对话框,在对话框中输入密码,即可完成对文档的保护。

　　要取消限制编辑,只需在"限制编辑"任务窗格中单击"停止保护"按钮。

　　2. 将 Word 文档转换为 PDF 文档并且加密

　　单击"文件"→"导出"→"创建 PDF/XPS"命令,在弹出的"发布为 PDF 或 XPS"对话框中单击"选项",弹出"选项"对话框,勾选"使用密码加密文件",单击"确定"按钮,弹出"加密 PDF 文档"对话框,输入密码,单击"确定"按钮。

　　3. 用密码保护文档

　　方法一:单击"文件"→"信息"右侧的"保护文档"下拉箭头,在下拉列表中选择"用密码进行加密"命令,打开"加密文档"对话框,输入密码单击"确定",弹出"确认密码"对话框,再次输入相同密码,单击"确定"按钮即可实现文档保护。

　　方法二:单击"文件"→"另存为"→"浏览"命令,打开"另存为"对话框,单击对话框中"工具"下拉按钮,在打开的列表中选择"常规选项"命令,打开"常规选项"对话框,在两个文本框中分别输入文件打开和修改密码,单击"确定"按钮。

4. 添加水印

在页面中添加水印也可以起到保护文档的作用。单击"设计"→"页面背景"组→"水印"下拉按钮,在列表中选择一种样式进行设置。

知识点 2:引用

1. 题注和交叉引用

用户需要对长文档中的图片、表格和公式进行编号、添加名称或用途说明,单击"引用"→"题注"组→"插入题注"按钮,打开"题注"对话框,可以新建标签或选择已有的标签,在"题注"下的文本框中输入文字后,单击"确定"按钮,完成题注的插入。

正文中需要引用题注的相关内容可通过"交叉引用"命令实现,单击"引用"→"题注"组→"交叉引用"命令,打开"交叉引用"对话框,选择需要引用的题注,单击"确定"按钮。

当文档中的图片、表格、公式进行了增减、改变了顺序,手工修改编号不仅工作量大而且容易出错,使用了题注,新插入的图片、表格、公式会自动顺序编号,而正文中使用了交叉引用,可以选择全文,右击打开快捷菜单,单击"更新域"命令,即可对选定文本中的题注和交叉引用的序号进行更新,为长文档的编辑提供方便。

2. 目录

(1)基于大纲级别的目录自动生成设置

在目录生成之前,先定义"目录项"(用来显示成为目录内容的一段或一行文本)。单击"视图"→"视图"组→"大纲视图"命令,将视图切换成大纲模式,选择文章标题,将之定义为"1级",接着选择需要设置为目录项的文字,将其逐一定义为"2级",用类似的方法完成各级设置;单击"视图"→"视图"组→"页面视图"目录切换回页面模式。

(2)基于标题样式的目录自动生成设置

在目录生成之前,先对各级标题段落使用相应的样式。一般情况下,一级标题使用"标题1"样式,二级标题使用"标题2"样式,三级标题使用"标题3"样式,依此类推。如果系统里的标题样式不能满足实际的需求,可以修改标题样式,甚至新建样式。

(3)插入目录

在需要插入目录的位置单击"引用"→"目录"组→"目录"下拉选项,选择"自动目录1"或"自动目录2"即可创建目录。

在"目录"下拉选项中单击"自定义目录"命令,打开"目录"对话框,设置"显示级别",选择"制表符前导符",设置"选项",可以按照"大纲级别"自动生成目录。

(4)更新目录

目录生成后,如果标题的内容或所在的页码发生了变化,可以右击目录,打开快捷菜单,单击"更新域"命令,打开"更新目录"对话框,可以只更新页码或者更新整个目录。

知识点 3:审阅

1. 拼写和语法检查

单击"审阅"→"校对"组→"拼写和语法"按钮或者按 F7,可以对文档内容的拼写和语法进行检查,判断拼写和语法的错误以便于改正。

2.批注

当用户对文档中的某个词或者某段话有自己的见解,但又不想破坏原作者编辑的文字,可以通过插入批注的方式表达见解。单击"审阅"选项卡→"批注"组→"新建批注"命令,可以在文档右侧的文本框中输入文字。

知识点 4:邮件合并

邮件合并功能可以批量创建信函、电子邮件、传真、信封、标签等文档。邮件合并可以将一个主文档与一个数据源结合起来,最终生成一系列输出文档,操作方法如下:

1.创建主文档

主文档即所有文档的共有内容,例如制作邀请函时的标题等内容。

2.连接到数据源

数据源实际上是一个数据列表,其中包含合并输出到主文档的数据,通常它保存了姓名、通信地址、电子邮件地址、传真号码等数据字段。邮件合并功能支持很多类型的数据源,包括 Microsoft Office 地址列表、Word 文档、Excel 工作表、Outlook 联系人列表、Access 数据库及 HTML 文件等。

3.插入合并域

向主文档中适当的位置插入数据源中的信息。

4.合并生成最终文档

主文档和数据源合并在一起形成一系列的最终文档。

"邮件"选项卡如图 2-1 所示。邮件合并可以通过邮件合并向导创建,也可以直接进行邮件合并。

图 2-1 "邮件"选项卡

知识点 5:创建和运行宏

在 Word 中,可以通过创建和运行宏来自动执行常用任务,省时省力。宏是一系列命令和说明,可以将多个步骤"捆绑"到一个宏中,组合为单个命令来自动完成任务。

1.录制宏

(1)单击"视图"→"宏"→"录制宏",如图 2-2 所示。

(2)键入宏的名称,如图 2-3 所示。

(3)若要在创建的所有新文档中使用此宏,请确保"将宏保存在"框中显示了"所有文档(Normal.dotm)",如图 2-4 所示。

图 2-2 录制宏

图 2-3　键入宏名　　　　　　　　　图 2-4　将宏保存在所有文档

（4）若要通过按键盘快捷方式运行宏，单击"键盘" ，弹出"自定义键盘"对话框，如图 2-5 所示。在"请按新快捷键"框中键入组合键（该组合键必须还未指定给其他项目），若要在创建的所有新文档中使用此键盘快捷方式，确保"将更改保存在"框中显示了"Normal. dotm"，单击"指定"，单击"关闭"。

图 2-5　指定快捷键运行宏

（5）若要通过单击按钮运行宏，请单击"按钮" ，弹出"自定义快速访问工具栏"对话框，如图 2-6 所示，单击新宏（其名称类似于 Normal. NewMacros. ＜您的宏名＞），然后单击"添加"。

图 2-6　添加宏按钮

(6)在对话框右侧"自定义快速访问工具栏"区域中单击选中添加的新宏,单击"修改",如图 2-7 所示。

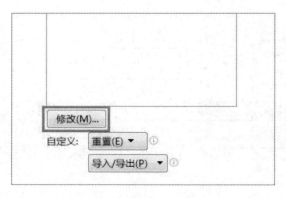

图 2-7　修改宏按钮

(7)弹出"修改按钮"对话框,选择按钮图像,键入所需的名称,然后单击两次"确定",如图 2-8 所示。

图 2-8　选择宏按钮图标

(8)现在,便可以开始录制步骤了。单击命令或者按下任务中每个步骤对应的键,Word将会录制单击、选择等所有操作动作。

(9)若要停止录制,单击"视图"→"宏"→"停止录制",如图 2-9 所示。

图 2-9　停止录制宏

2. 运行宏

(1)单击"视图"→"宏"→"查看宏",如图 2-2 所示。

(2)在"宏名"下面的列表中,单击要运行的宏。

(3)单击"运行"。

3. 在所有文档中使用某个宏

若要在所有文档中使用从某一个文档录制的宏,需要将该宏添加到 Normal.dotm 模板。

(1)打开包含该宏的文档。

(2)单击"视图"→"宏"→"查看宏"。

(3)单击"管理器"。

(4)单击要添加到 Normal.dotm 模板的宏,然后单击"复制",如图 2-10 所示。

图 2-10　宏管理器

4. 将宏按钮添加到功能区

(1)单击"文件"→"选项"→"自定义功能区"。

(2)在"从下列位置选择命令"下,单击"宏"。

(3)单击所需的宏。

(4)在"自定义功能区"下,单击要在其中添加该宏的选项卡和自定义组。

实验 2-1　制作创业计划书——Word 长文档的制作和编辑

实验目的

1. 掌握 Word 2016 的启动与退出,文档的创建、输入、保存、关闭和打开;

2. 掌握文本的插入、删除、修改、恢复、复制、移动、查找、替换基本等操作;

3. 掌握字体格式的设置;

4. 掌握段落格式的设置;

5. 掌握页面的设置。

实验内容

某高校大学毕业生计划自主创业。他们首先制定了创业计划,撰写创业计划书。一份优秀的创业计划书往往会使创业工作达到事半功倍的效果。创业计划书完成的效果样张如图 2-11 所示,详见附件 1(请扫码下载)。

附件 1　大学旅舍创业计划书

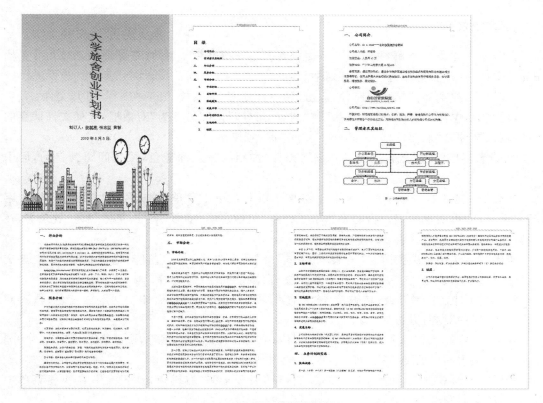

图 2-11　创业计划书效果图

1. 下载"第二章素材→实验 2-1 文档编辑素材"文件夹中的"创业计划书_原文档.docx"文件,打开后另存为"创业计划书.docx"。

2. 设置标题"大学旅舍创业计划书":黑体、加粗、二号、深蓝色,段落间距为自动,居中对齐。

3. 设置副标题"制订人:林敏希 张志坚 黄智"和日期"2010 年 5 月 5 日",文字为:黑体、三号、深蓝色,段落间距为自动,居中对齐。

4. 修改正文样式:文字设置为五号、宋体;段落首行缩进 2 字符,段前和段后间距为 0.5 行,段落行距为固定值 20 磅。将正文样式应用到正文。

5. 创建一级标题样式为:楷体_GB2312、加粗、三号,项目编号为"一、、二、、…",段落间距为自动,段落左右无缩进。将样式应用到"公司简介""管理者及其组织""行业分析""服务介绍""市场分析"及"业务计划的实施"这些一级标题。

6. 创建或修改二级标题样式为:楷体_GB2312、加粗、四号,段落间距为 5 磅,段落左右无缩进,项目编号为"1.,2.,…"。将样式应用到"市场介绍""目标市场""区域聚焦""发展目标""实施战略""联盟"这些二级标题。

7. 将文档中所有的小写字母"u&c hostelling"改为大写字母"U&C HOSTELLING"。

8. 设置纸张为纵向"A4",上、下页边距为"2.2 厘米",左、右页边距为"3 厘米"。

9. 设置文档的偶页页眉为"创新、踏实、拼搏、奋进",奇页页眉为"大学旅舍创业计划书",页脚处插入页码。

实验步骤

1. 下载"第二章素材→实验 2-1 文档编辑素材"文件夹中的"创业计划书_原文档.docx"文件，打开后另存为"创业计划书.docx"。

步骤(1)：找到文件保存的路径，双击"创业计划书_原文档.docx"图标，打开文件。

步骤(2)：单击"文件"→"另存为"→"浏览"命令，打开"另存为"对话框，选择文件保存的路径，输入文件名"创业计划书.docx"，单击"保存"按钮。

2. 设置标题"大学旅舍创业计划书"：黑体、加粗、二号、深蓝色，段落间距为自动，居中对齐。

步骤(1) 选中标题文字"大学旅舍创业计划书"，单击菜单"格式"→"字体"，调出"字体"对话框，即可实现选定内容的字体格式设置，包括字体、字形、字号、字体颜色、效果等，在"预览"区域中可以直接看到设置的效果。

步骤(2)：选中标题段落，单击菜单"格式"→"段落"，调出"段落"对话框，即可实现选定内容的段落格式设置，包括对齐方式、首行缩进、段落间距、行距等。

3. 设置副标题"制订人：林敏希 张志坚 黄智"和日期文字：黑体、三号、深蓝色，段落间距为自动，居中对齐，方法如上题。

4. 修改正文样式：文字设置为五号、宋体；段落首行缩进 2 字符，段前和段后间距为 0.5 行，段落行距为固定值 20 磅。将正文样式应用到正文。

步骤(1) 单击菜单"开始"→"样式"右侧的展开按钮，右键点击"正文"，在快捷菜单中选择"修改"，如图 2-12 所示。

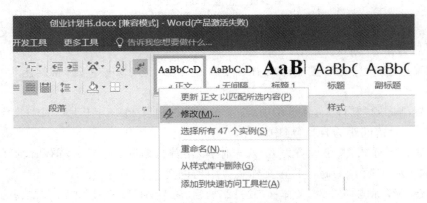

图 2-12 选择正文样式并修改

步骤(2)：在"修改样式"对话框中，单击底部的"格式"按钮，分别选择"字体"和"段落"，修改正文的字体和段落。如图 2-13 所示。

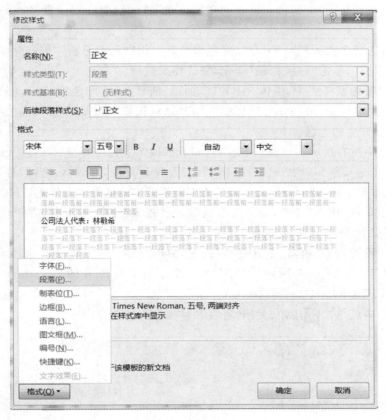

图 2-13　修改正文样式

步骤(3)：选择文档正文，单击"正文"样式，完成正文样式的应用。

5. 创建一级标题样式为：楷体_GB2312、加粗、三号，项目编号为"一、，二、，…"，段落间距为自动，段落左右无缩进。将样式应用到"公司简介""管理者及其组织""行业分析""服务介绍""市场分析""业务计划的实施"这些一级标题。

步骤(1) 单击菜单"开始"→"样式"右侧的展开按钮，单击选择"创建样式"，如图 2-14 所示。

步骤(2)：在"根据格式设置创建新样式"对话框中输入名称"一级标题"，单击"修改"按钮，如图 2-15 所示。

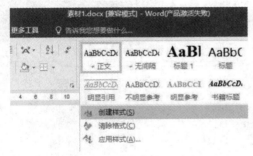

图 2-14　创建新样式

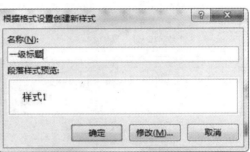

图 2-15　根据格式设置创建新样式

步骤(3)：在打开的"根据格式设置创建新样式"对话框中分别设置格式的字体、段落和编号。

步骤(4)：选择文档的"公司简介""管理者及其组织""行业分析""服务介绍""市场分析""业务计划的实施"，单击"一级标题"样式，完成样式应用。

6. 修改二级标题样式为：楷体_GB2312、加粗、四号，段落间距为 5 磅，项目编号为"1.，2.，…"。将样式应用到"市场介绍""目标市场""区域聚焦""发展目标""实施战略""联盟"这些二级标题，方法如上题。

7. 将文档中所有的小写字母"u&c hostelling"改为大写字母"U&C HOSTELLING"。

步骤(1) 单击菜单"开始"→"替换"，调出"查找和替换"对话框，选择"替换"选项卡，在"查找内容"文本框中输入"u&c hostelling"，在"替换为"文本框中输入"U&C HOSTELLING"。

步骤(2)：单击"更多"按钮，展开搜索选项，在"搜索"下拉列表中选择"全部"，并在"搜索选项"中勾选"区分大小写"复选框，如图 2-16 所示。

步骤(3)：设置好后，单击"全部替换"按钮，弹出"Microsoft Word"对话框，告诉我们一共有几处被替换，如图 2-17 所示。即实现了将计划书中所有的 u&c hostelling 修改为 U&C HOSTELLING。

步骤(4)：最后单击 按钮，关闭"查找和替换"对话框。

图 2-16　替换

图 2-17　完成替换

> **！注意**
>
> 　　在"查找和替换"对话框中单击"高级"按钮后,再单击"格式"按钮,可以查找、替换带有格式的字符或文本;若在"搜索选项"中选择"使用通配符",就可以利用通配符"?"进行模糊匹配查找。

8. 设置纸张为纵向"A4",上、下页边距为"2.2 厘米",左、右页边距为"3 厘米"。

步骤(1) 单击"布局"菜单,点击"页面设置"启动器,调出"页面设置"对话框,选择"纸张"选项卡,在"纸张大小"区域中设置纸张大小为"A4"。

步骤(2):选择"页边距"选项卡,在"页边距"区域中设置上、下页边距为"2.2 厘米",左、右页边距为"3 厘米",在"方向"区域设置为"纵向",单击"确定"按钮,完成页面设置。

9. 插入奇偶页页眉页脚:设置创业计划书的奇页页眉为"大学旅舍创业计划书",偶页页眉为创业理念"创新、踏实、拼搏、奋进",页脚处插入页码。

步骤(1) 单击菜单"插入"→"页眉",在下拉菜单中选择"编辑页眉",出现"页眉和页脚工具"的设计菜单,进入页眉页脚编辑状态,如图 2-18 所示。

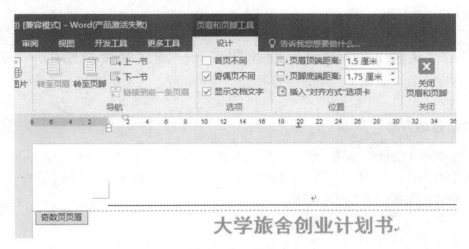

图 2-18　设置页眉和页脚

步骤(2):在"页眉和页脚工具/设计"菜单的"选项"组中勾选"☑ 奇偶页不同",如图 2-18 所示,文档中出现奇偶页提示。

步骤(3):在"奇数页页眉"中输入"大学旅舍创业计划书",在"偶数页页眉"中输入"创新、踏实、拼搏、奋进"。

步骤(4):光标分别定位在奇页和偶页的页脚中,单击"页眉和页脚"组中的"页码",在下拉菜单中选择"页面底端"的"普通数字 2",插入页码。

步骤(5):光标定位在页脚中,单击"页眉和页脚"组中的"页码",在下拉菜单中选择"设置页码格式",打开"页码格式"对话框,如图 2-19 所示,在编号格式下拉列表中选择需要的数字格式,然后单击"确定",可以发现页码已更改为设置的编号格式。

步骤(6):最后单击"关闭页眉页脚"按钮,返回到文档编辑状态。

图 2-19　设置页码格式

实验 2-2　完善创业计划书——图文混排及引用

实验目的

1. 掌握图片的插入、调整，图片格式、位置和环绕文字、大小裁剪等格式编辑；
2. 掌握 SmartArt 图形的插入，版式样式的设计，格式编辑和美化等基本操作；
3. 掌握题注和交叉引用的设置；
4. 掌握目录的编制；
5. 掌握文档加密保护；
6. 掌握文档打印的方法。

实验内容

1. 插入已经设计好的公司 Logo 图片并编辑。
2. 制作公司组织机构图。
3. 插入题注和交叉引用。
4. 制作计划书的封面。
5. 编制计划书的目录。
6. 用密码"123"对文档进行加密，保存文档。
7. 打印"创业计划书.docx"。

实验步骤

1. 插入已经设计好的公司 Logo 图片并编辑。

步骤（1）：将光标定位到要插入图片的位置，单击菜单"插入"→ "图片"，调出"插入图片"对话框，"查找范围"为"公司文档"，选中图片"公司标识 . JPG"，如图 2-20 所示，单击"插入"按钮，即将公司标识插入指定位置，如 2-21 所示。

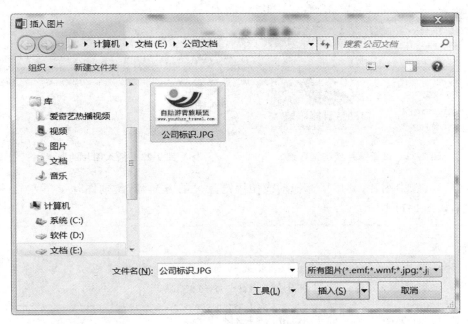

图 2-20 "插入图片"对话框

经营范围：通过网络形式，通过合作兼并已建立相应旅游组织和聘用兼职尚未建立相应体系等形式，在网上开展大学生领域的异地接应、当地导游和结伴同行等服务项目，如订票服务、酒店服务、查询服务。

公司标识：

www.youthss_travel.com

公司网址：http://www.youthss_travel.com

图 2-21 插入图片的效果

步骤（2）：单击选中图片，单击选择"图片工具格式"菜单，在"排列"组中单击"环绕文字"，在下拉列表中选择"紧密型环绕"，如图 2-22 所示。完成图片插入后效果如图 2-23 所示。

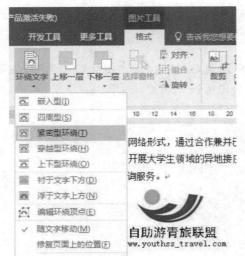

图 2-22　设置图片紧密型环绕　　　　　　图 2-23　插入图片的效果

步骤（3）：选中图片，利用鼠标拖动或使用键盘上的方向键，实现图片上下左右的移动，最终效果如图 2-11 所示。

> **小技巧**
>
> 　　如果图片移动的位置较大，可以用鼠标选中图片，按住左键拖动的方式来实现。如果需要微移图片，可以使用组合键"Ctrl＋方向键"实现。

步骤（4）：如果图片太大或太小，可以调整图片的大小。

选中图片，其四周会出现 8 个控制点，将光标移至控制点上，当光标变成↕或↔或↘或↗形状时，按住鼠标拖动，图片的大小即发生变化。

> **说明**
>
> 　　光标变成↕形状时，按住鼠标拖动，图片的高度发生变化。
> 　　光标变成↔形状时，按住鼠标拖动，图片的宽度发生变化。
> 　　光标变成↘或↗形状时，按住鼠标拖动，图片的高度、宽度同时发生变化。

2. 插入 SmartArt 图形：根据如图 2-24 所示的公司人员结构示意图，制作组织机构图。

步骤（1）：插入组织结构图。

将光标定位到要插入组织图的位置，选择菜单"插入"→"SmartArt"，在打开的"图示库"对话框中选择"组织结构图"，如图 2-25 和图 2-26 所示。在编辑区中插入默认的组织结构图，如图 2-27 所示。

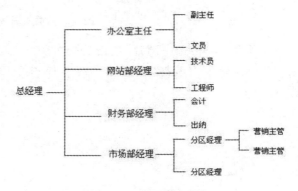

图 2-24　公司人员结构

图 2-25 插入 SmartArt

图 2-26 插入组织结构图

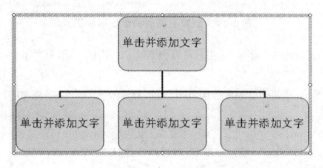

图 2-27 默认组织结构图

> 说明
>
> 插入默认的组织结构图有四个数据块,其中上面的一个为上级,下面的三个为下属。

步骤(2):添加删除数据块。

选定代表总经理的数据块,单击"组织结构图工具格式"菜单,选择"插入"组中的"下属",如图 2-28 所示,立即添加了下属数据块。

如果在制作过程中有多余的数据块,可以将其删除。选中要删除的数据块,被选中的数据块四周会出现 8 个 ⊗ 控制点,按 Delete 键,即可删除多余的数据块。

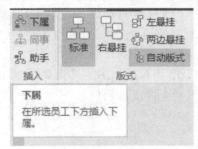

图 2-28 插入下属

步骤(3):编辑数据块文字。

数据块添加好后,要为数据块添加文字,每个数据块有操作提示"单击并添加文字",只要单击某个数据块,输入点就定位到其中,这时即可输入其所表示的人员组织,如图 2-29 所示。

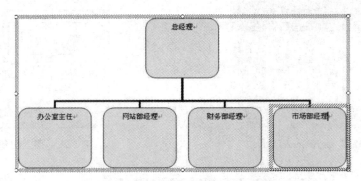

图 2-29　添加下属后的组织结构图

用同样的方法分别选中"办公室主任"等数据块,用"插入形状"工具为其各添加两个下属框,并输入文字。

用相同方法为分区经理数据块添加两个下属框,输入文字,结果如图 2-30 所示。

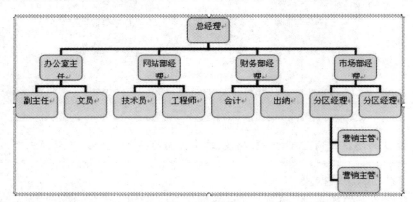

图 2-30　右悬挂版式组织结构图

步骤(4):调整版式。

通常组织结构图是自动版式,可以根据需要修改其版式。

"分区经理"数据块的两个下属框纵向排列,属于右悬挂版式,如图 2-30 所示,将其版式修改为"标准",使两个下属框排列在上级框的两侧;同时还要将整个组织结构图的版式修改为"两边悬挂"。

①选中"分区经理"数据块,在"组织结构图工具格式"菜单的版式组中单击"标准",如图 2-31 所示,即使两个下属框排列在上级框的两侧。

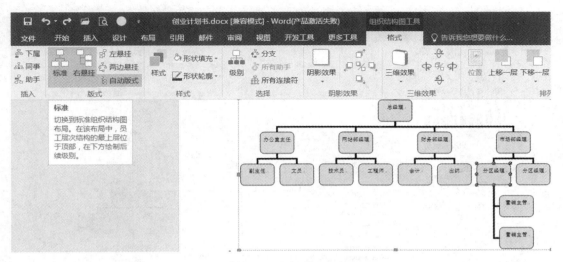

图 2-31 修改组织结构图版式

②选中"总经理"数据块,在"组织结构图工具格式"菜单的版式组中单击"两边悬挂",如图 2-32 所示。

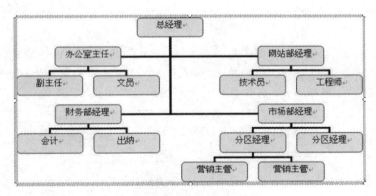

图 2-32 两边悬挂版式

步骤(5):调整文本格式。

组织结构图数据块中的文字可以做适当的调整,选中组织结构图,设置文本格式:宋体、五号。

步骤(6):改变组织结构图的大小、颜色。

为了文档排版更合理、美观,可以修改组织结构图的大小和颜色。

①选中组织结构图,其四周会显示 8 个⚙控制点,将光标移至控制点,光标变成↕或↔或↖或↗形状时,按住鼠标拖动,组织结构图的大小就发生变化。

②组织结构图的颜色是默认的,可以对其颜色进行重新设置,使页面更加美观。选中要设置格式的数据块,在"组织结构图工具格式"菜单的"样式"组中单击"形状填充",在下拉列表中选择填充颜色"金色,个性色 4,淡色 80%"。

③单击"形状轮廓",在下拉列表中选择线条颜色为"黑色,文字 1",粗线为"1 磅",如图 2-33 所示。

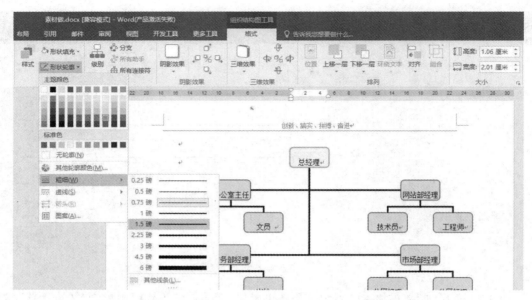

图 2-33　设置组织结构图外观

> **提示**
>
> 　在默认情况下,组织结构图采用的样式为"默认",用户可以根据需要,在"组织结构图工具格式"菜单的"样式"组中单击"样式",打开"组织结构图样式库"选择所适合的样式,如图 2-34 所示,轻松制作美观大方的组织结构图。

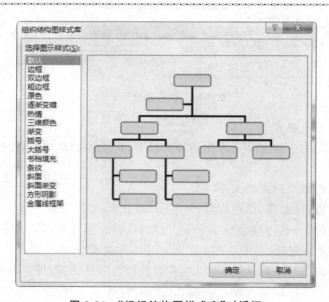

图 2-34　"组织结构图样式库"对话框

3. 插入题注和交叉引用。

步骤(1):单击选中组织结构图,单击"引用"菜单"题注"组的"插入题注"按钮,打开"题注"对话框,如图 2-35 所示,单击"标签"右侧箭头,在下拉列表中选择"图"标签。

步骤(2):如果找不到需要的标签,点击"新建标签",在"新建标签"对话框的标签区域中输入"图",单击"确定",返回"题注"对话框。

步骤(3):在"位置"区域选择"所选项目下方",在"题注"区域的"图 1"后输入文字":公司组织结构",单击"确定"按钮,完成题注的插入。

设置题注居中,完成后效果如图 2-36 所示。

图 2-35 插入"题注"对话框

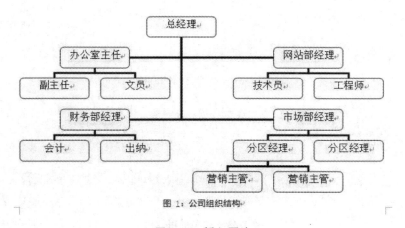

图 1:公司组织结构

图 2-36 插入题注

步骤(4):设置交叉引用:光标定位在文中需要引用题注的位置(文档中的"详见"之后),单击"引用"菜单"题注"组的"交叉引用"按钮,打开"交叉引用"对话框,如图 2-37 所示,"引用类型"选择"图","引用内容"选择"只有标签和编号","引用哪一个题注"区域选择"图 1:公司组织结构",单击"插入",再单击"关闭"按钮。

步骤(5):完成后效果如图 2-38 所示,光标移动到"图 1",出现提示,按住"Ctrl"键,出现手形光标,单击后可跳转到"图 1:公司组织结构"。

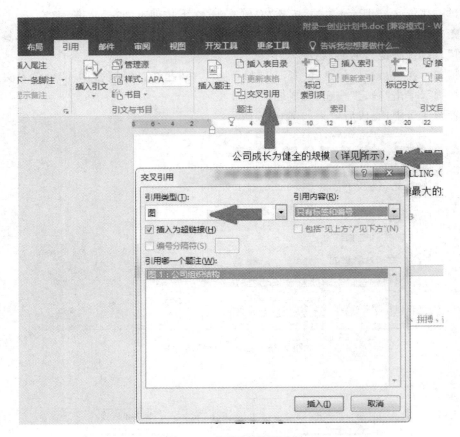

图 2-37　设置"交叉引用"

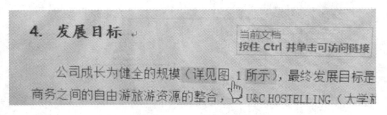

图 2-38　交叉引用效果

4. 制作创业计划书的封面。

为了使创业计划书更加正规、美观，可以为计划书制作一个简洁、大方的封面，效果如图 2-39 所示。

步骤（1）：插入节并设置页面格式。

节是格式设置的基本单元，不同的节可以具有不同的页面格式，通常封面自成一节，且不显示页码、页眉和页脚。首先在正文前插入一节作为封面，并设置该节的版式。

将光标定位于正文的开头，在"布局"菜单的"页面设置"组中，单击"分隔符"，在下拉列表的"分节符"区域，单击选择"下一页"，如图 2-40 所示，即生成新的一页作为封面。

图 2-39　创业计划书封面

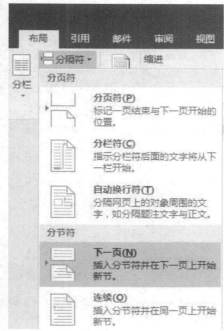

图 2-40　"下一页"分节符

📄 **提示**

1. 插入"分页符"和插入"下一页"分节符都可生成一空白页,但两者生成的空白页的页面格式设置有区别。

2. 在页面视图中,分节符是不可见的。

3. 在"开始"菜单"段落"组中,单击"显示/隐藏编辑标记",可以显示分节符。

4. 用删除字符的方法可对分节符进行删除,取消分节。

步骤(2):将光标定位于封面,在"布局"菜单的"页面设置"组中,用启动器打开"页面设置"对话框,选择"版式"选项卡,在"页眉和页脚"区域中选择"首页不同""奇偶页不同",在"预览"区域中选择应用于"本节",如图 2-41 所示,单击"确定"按钮,完成修改页面设置,封面不显示页码、页眉和页脚。

步骤(3):为封面插入背景图片。

①单击菜单"插入"→"图片",在调出的"插入图片"对话框中选择背景图片的路径"公司文档",选好图片"封面.jpg"后,单击"确定"按钮,即将背景图片插入进来了。

②单击选中图片,在"图片工具格式"菜单的"排列"组中单击"环绕文字",选择下拉列表"衬于文字下方",如图 2-42 所示,单击"确定"按钮完成设置。

③调整图片大小,使其与页面一样大。

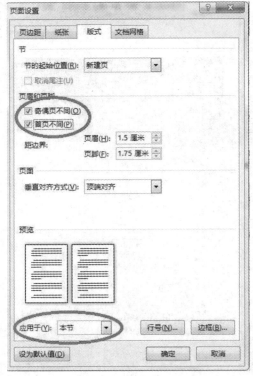

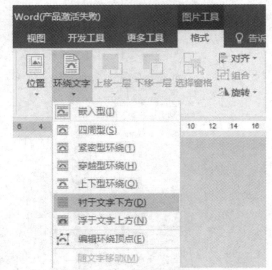

图 2-41　页面设置"版式"选项卡　　　　　图 2-42　图片"衬于文字下方"

步骤(4)：插入艺术字。

为了淡化背景图片，突出标题，可以将其设置为艺术字。

①选定标题"大学旅舍创业计划书"，在"插入"菜单的"文本"组中单击"艺术字"，在弹出的"艺术字库"列表中，选择所需要的样式。

②在"编辑艺术字文字"对话框中设置艺术字的格式，"文字"框中的文本即是要生成艺术字的文字，标题"大学旅舍创业计划书"即以艺术字的形式插入文档中。

③单击生成的艺术字，出现如图 2-43 所示的"艺术字工具格式"菜单，根据需要，单击菜单栏的相应按钮，可对艺术字进行编辑。

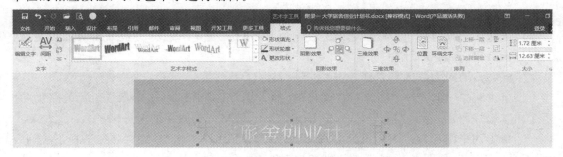

图 2-43　艺术字工具栏

④为了使标题艺术字更美观、生动,可以为标题艺术字设置阴影。单击选中的艺术字,在"艺术字工具格式"菜单的"阴影效果"组中,单击"阴影效果",在下拉列表中选择合适的阴影样式。

5. 编制计划书的目录。

为了使读者更快、更清楚地了解创业计划书的结构和内容,同时使计划书更正规,可以用 Word 编制目录的功能为计划书编制目录。

步骤(1):设置目录节。将光标定位于正文的开头,在"布局"菜单的"页面设置"组中,单击"分隔符",在下拉列表的"分节符"区域,单击选择"下一页",再次在正文之前生成空白页,在空白页中输入"目录"。

步骤(2):设置大纲等级。单击"视图"菜单的"大纲视图",将文档切换到"大纲视图",这时会显示"大纲"菜单栏,如图 2-44 所示。

步骤(3):选取一级标题"一、公司简介",在"大纲"工具栏中的"大纲级别"工具下拉选项中选择"1级",如图 2-45 所示。

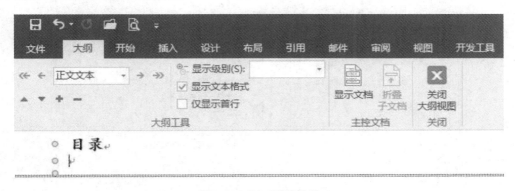

图 2-44　"大纲"菜单栏

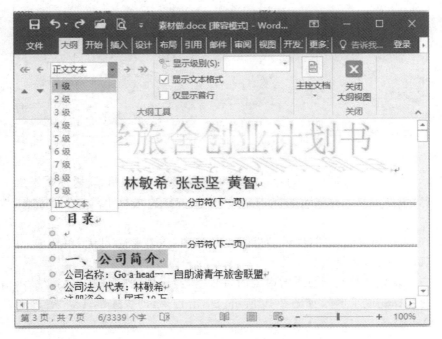

图 2-45　设置大纲级别

步骤(4)：选取二级标题"1. 市场介绍"，在"大纲"工具栏中的"大纲级别"工具下拉选项中选择"2 级"。

步骤(5)：重复步骤(3)和步骤(4)，把计划书中的所有一级标题设置为 1 级，所有的二级标题设置为 2 级，这样目录的准备工作就做好了。

步骤(6)：单击菜单"视图"→"页面视图"，将视图切换回"页面视图"。

步骤(7)：把光标置于"目录"下的空行位置，选择菜单"引用"→"目录"，在下拉列表中选择"自定义目录"。

步骤(8)：打开"目录"对话框，选择"目录"选项卡，选中"显示页码""页码右对齐"复选框，在"制表符前导符"区域的下拉列表选项中选择"……"，在"显示级别"区域中选择"2"，如图 2-46 所示。单击"确定"按钮，即生成目录，如图 2-11 所示。

图 2-46　"目录"对话框

步骤(9)：目录制作好后，如果修改了文档，其页码、一级标题、二级标题发生了变化，必须对目录进行更新。用鼠标右击目录内容，在弹出的快捷菜单中选择"更新域"，如图 2-47 所示。

步骤(10)：在弹出的"更新目录"对话框中，选中"更新整个目录"单选项，如图 2-48 所示。单击"确定"按钮，目录就自动更新了。

步骤(11)：将鼠标移至所想看的内容的目录上，会出现"当前文档 按住 CTRL 并单击鼠标以跟踪链接"提示信息，按住 Ctrl 键，这时鼠标变成手形，如图 2-49 所示。单击目录，即快速跳转到"管理者及其组织"这部分内容。

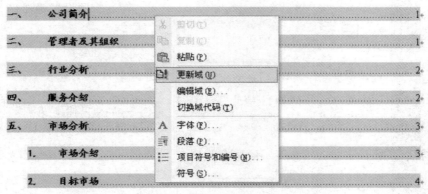

图 2-47　"更新域"的快捷菜单

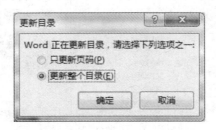

图 2-48　"更新目录"对话框

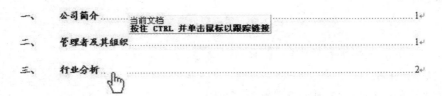

图 2-49　使用目录

6.用密码"123"对文档进行加密,保存文档。

步骤(1):单击"文件"→"信息"→"保护文档"下拉箭头,在下拉列表中选择"用密码进行加密"命令,打开"加密文档"对话框,在"密码"文本框中输入"123",单击"确定"按钮,弹出"确认密码"对话框,再次输入密码,如图 2-50 所示,单击"确定"按钮,完成加密操作。

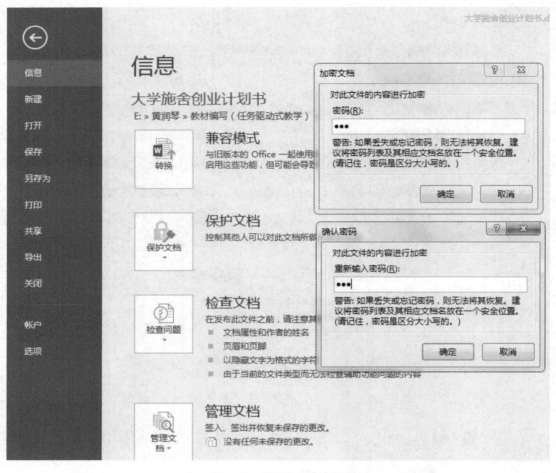

图 2-50 用密码加密文档

步骤（2）：单击快捷工具栏中的"保存"按钮，保存文件。

7. 打印计划书。

步骤（1）：创业计划书制作好了，为了方便阅读，可以将计划书打印出来。

单击菜单"文件"→"打印"，进入"打印"设置页，可以设置打印份数，选择打印机型号，在"设置"区域可以设置"打印所有页""单面打印"等，如图 2-51 所示。

步骤（2）：在"打印"设置页底部有翻页按钮，或者用打印预览工具查看打印效果，最后单击"打印"按钮，即进入打印操作。

创业计划书的最终效果见附件 1。

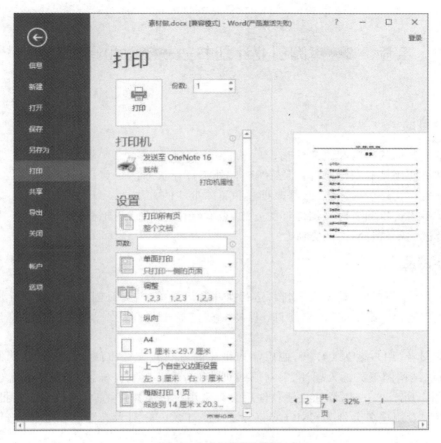

图 2-51　"打印"设置页

实验拓展——制作活动策划书

公司娱乐活动策划书包括活动目标、具体做法、活动时间及地点、游戏内容、活动经费预算,要求如下,效果详见附件 2(请扫码下载)。

附件 2　公司娱乐活动策划书

1. 创建 Word 文档,在文档中输入公司娱乐活动策划书的内容。
2. 设置字体格式、段落格式、页面格式。
3. 表格制作及编辑,计算"小计"和"总计"。
4. 设置策划书的页眉、页脚并插入页码。
5. 制作公司娱乐活动策划书的目录。
6. 添加图片背景。

实验 2-3　审阅创业计划书——校对和修订文档

实验目的

1. 掌握文档的拼写和语法检查；
2. 掌握使用密码锁定修订，保持"修订"处于打开状态；
3. 掌握在文档中插入批注、修改批注和删除批注的方法；
4. 掌握多位审阅者对文档修订的方法，查看修订，接受或拒绝修订；
5. 掌握关闭修订状态的方法。

实验内容

1. 打开"原稿_创业计划书"文档，运行拼写和语法检查器，对创业计划书进行校对。

2. 使用密码"goahead"锁定修订，保持"修订"处于打开状态，将文档发送给相关人员审阅。

3. 审阅者（用户名为 CEO），使用插入批注的方法对文档审阅。对组织结构图添加批注："在组织结构图下方插入题注。"；对第四页的文字"4. 发展目标：公司已成长为健全的规模（详见图 1 所示）……"，添加批注："使用交叉引用。"接受修订，完成更改后删除批注。

4. 审阅者用户名分别为 CMO、CTO，设置修订颜色分别为青绿色和红色，修订文档并保存。

5. 查看修订，接受或拒绝修订。

6. 关闭文档修订状态，删除修订。

实验步骤

1. 打开"原稿_创业计划书"文档，运行拼写和语法检查器，对创业计划书进行校对。

Office 程序自动检查键入时潜在的拼写和语法错误，使用红色波浪线标记潜在的拼写错误，使用蓝色波浪线标记潜在的语法错误。

步骤（1）：打开拼写和语法检查器：单击"审阅"选项卡，然后单击"校对"组中的"拼写和语法"。

步骤（2）：弹出"拼写和语法"对话框，包含拼写检查器发现的第一个重复错误，如图 2-52 所示。

步骤（3）：在 Word 文档中更改重复错误，然后在"拼写和语法"对话框中单击"继续执行"，如图 2-53 所示。

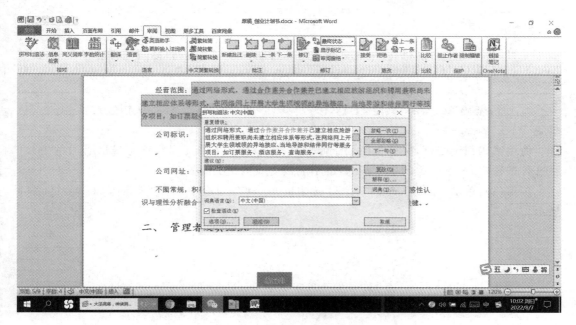

图 2-52　拼写和语法检查器

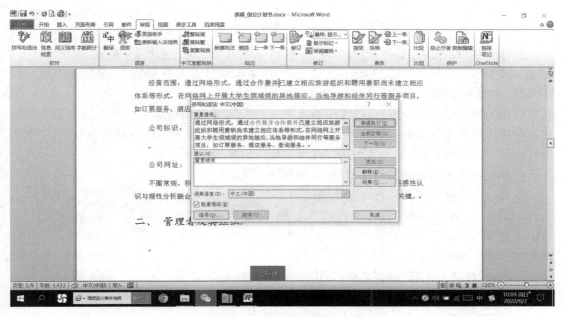

图 2-53　修复错误

步骤（4）：根据实际修复每个错误：对检查结果执行"忽略一次"或"全部忽略"，也可以在"建议"列表中选择某个单词，然后单击"更改"。

步骤（5）：修复所有错误后关闭"拼写和语法"对话框。

提示

看到拼写或语法错误时，也可以右键单击相应单词或短语，然后选择其中一个选项修复错误。

---

2. 使用密码"goahead"锁定修订，保持"修订"处于打开状态，将文档发送给相关人员审阅。

使用密码锁定修订，保持文档处于修订状态，确保 Word 可以跟踪记录所有人的更改。当修订被锁定时，不能关闭更改跟踪，也不能接受或拒绝更改。

步骤（1）：单击"审阅"，单击"修订"旁边的箭头，在列表中选择"锁定修订"，如图 2-54 所示。

图 2-54　锁定修订

步骤（2）：键入密码，然后在"重新输入以确认"框中再次键入该密码，单击"确定"。

步骤（3）：回收修订完成的文档，要解锁修订，单击修订旁边的箭头，并再次单击锁定修订命令，并键入密码以解锁。

3. 审阅者（用户名为 CEO），使用插入批注的方法对文档审阅。对组织结构图添加批注："在组织结构图下方插入题注。"；对"4. 发展目标 公司已成长为健全的规模（详见图 1 所示）……"，添加批注："使用交叉引用。"修订完成后删除批注。

步骤（1）：打开需要审阅的文档，切换到"审阅"菜单栏。

步骤（2）：修改审阅人和批注颜色等选项。

①单击"修订"，选择"更改用户名"，如图 2-55 所示，打开"Word 选项"对话框，在"常规"选项卡中更改用户名及其缩写为"CEO"，如图 2-56 所示。

②单击"修订"，选择"修订选项"，打开"选项"对话框，在"修订"选项卡中更改批注颜色，将红色改为蓝色，如图 2-57 所示。

步骤（3）：选中组织结构图，点击"新建批注"，右侧出现批注编辑框，输入批注文字，如图 2-58 所示。

图 2-55　修订选项

步骤（4）：根据批注完成修订后，选中需删除的批注，点击后方右上角的标志，删除批注，如图 2-59 所示，或者在"审阅"选项卡上单击"删除"。

图 2-56　更改修订用户名

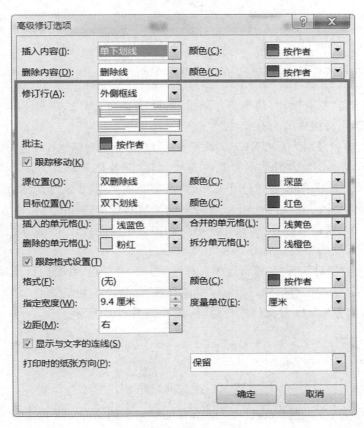

图 2-57　更改批注颜色

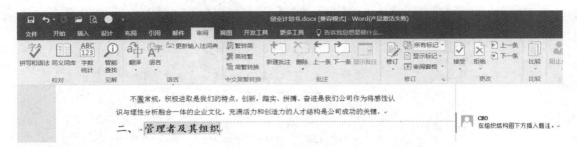

图 2-58　插入批注

图 2-59　删除批注

> 📖 *提示*
>
> 　　批注可以每次删除一条，也可以一次性全部删除。

　　若要一次性删除所有批注，请单击一条批注，然后在"审阅"选项卡上单击"删除"，在下拉列表中单击"删除文档中的所有批注"。

　　4. 审阅者用户名分别为 CMO、CTO，设置修订颜色分别为青绿色和红色，修订文档并保存。

　　默认情况下，Word 会为每个审阅者的插入、删除以及格式修订分配不同颜色，分配的颜色无法选择，而且当关闭并重新打开文档时，或者当有人在另一台计算机上打开文档时，分配的颜色可能会更改。但是 Word 可以为不同类型的标记选择颜色。

　　步骤（1）：单击"修订"，选择"更改用户名"，如图 2-55 所示，打开"Word 选项"对话框，在"常规"选项卡中更改用户名及其缩写为"CMO"。

　　步骤（2）：单击"修订"，选择"修订选项"，打开"选项"对话框，在"修订"选项卡的标记区域分别将"插入内容""删除内容""修订行"和"批注颜色"全部设置为"青绿色"，如图 2-60 所示。

　　步骤（3）：审阅者 CMO 对文档进行修订，效果如图 2-61 所示。

经营范围：通过网络形式，通过合作兼并 ~~合作兼并~~ 已建立建立相应 ~~体系~~ 等形式 ~~体系~~，在网络网上开展大学生领域 ~~的与~~ 等服务项目，如订票服务、酒店服务、查询服务。

图 2-60　修订颜色设置　　　　　　　　　　图 2-61　审阅者 CMO 的修订

步骤（4）：重复步骤（1）（2），审阅者 CTO 对文档进行修订，效果如图 2-62 所示。

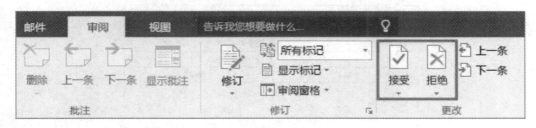

图 2-62　审阅者 CTO 的修订

5. 查看修订，接受或拒绝修订。

步骤（1）：输入密码，解锁修订。

步骤（2）：单击"审阅"→"修订"，可以查看审阅者对文档中进行的各种更改。

步骤（3）：单击文档开头处，然后在"审阅"选项卡上，单击"下一条"转到第一处修订。单击"接受"或"拒绝"以保留或删除更改。然后，Word 将移到下一处修订，如图 2-63 所示。

图 2-63　接受或拒绝修订

步骤（4）：重复步骤（3），直至检查过文档中的所有修订为止。

> *提示*
>
> 　　若要接受所有更改，请单击"接受"下方的箭头，然后在列表中单击"接受所有修订"。

6. 关闭文档修订状态，删除修订。

步骤（1）：单击"修订"按钮，关闭文档"修订"状态，Word 停止标记新的更改（文档中所有已标记的更改将保持标记状态，直到删除它们）。

步骤（2）：从文档中删除修订的唯一方法是接受或拒绝它们。在"显示以供审阅"框中选择"无标记"可查看最终文档的外观，但只会暂时隐藏修订，这些修订不会被删除，用户再次打开该文档时，这些修订将再次显示。若要永久删除修订，必须接受或拒绝它们。

实验 2-4　制作员工信息表——表格制作及编辑

实验目的

1. 掌握表格的制作、表格内容的编辑及对表格格式化操作；

2. 掌握表格中单元格的拆分、合并等操作；

3. 掌握表格中的简单计算；

4. 掌握宏的创建和运行；

5. 掌握复选框内容控件和下拉列表内容控件的插入和使用。

实验内容

表格可以使复杂的内容通过简洁明了的方式呈现，公司要求员工填写个人信息情况，设计以表格方式呈现，完成的样张如图 2-64 所示。

自助游青旅联盟 www.youthss_travel.com 员工信息表

员工编号		姓名		性别	☒男☐女
户籍		职务		部门	经理室
就职时间		现办公地点		学历	初 中
出生年月			身份证		
毕业院校			所学专业		
联系电话			E-mail		
联系地址				邮编	
工作经历					
个人技能					
爱好特长					
自我评价					
备注					

说明：此表一式二份，填写好后，办公室、人事部各存一份。

图 2-64　员工信息表样张

1. 新建 Word 文档，保存为“员工信息表”，创建一个 12 行、6 列的表格，表格居中对齐，调整行高为 0.8 厘米，列宽为 2.5 厘米；按要求合并单元格，根据填写内容多次调整行高和列宽；在表格中输入文本，在标题前插入公司 Logo。

2. 用键盘快捷方式(Ctrl＋Alt＋A)录制宏，命名为“项目格式”，快速完成项目单元格的格式设置：黑体、小四号，水平、垂直方向均居中。

3. 使用按钮(▢)录制名为“空白格式”的宏，完成空白单元格格式设置：宋体、小四号，水平、垂直方向均居中。

4. 表格的外边框设置为 1.5 磅的实线,内边框设置为 1 磅的实线,底纹设置为 25％的淡蓝色图案。

5. 设置"性别"输入使用复选框内容控件,"部门"和"学历"的输入使用下拉列表内容控件,规范员工信息的填写。

实验步骤

1. 新建 Word 文档,保存为"员工信息表",创建一个 12 行、6 列的表格,表格居中对齐,调整行高为 0.8 厘米,列宽为 2.5 厘米;按要求合并单元格,根据填写内容多次调整行高和列宽;在表格中输入文本,在标题前插入公司 Logo。

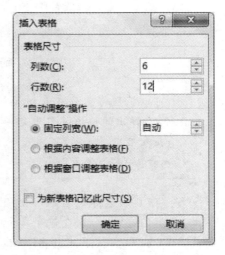

图 2-65 "插入表格"对话框

步骤(1):首先要创建一个空白文档,将其保存为"员工信息表",在标题编辑区中输入标题"员工信息表"。

步骤(2):单击"插入"→"表格"组→"表格"下拉按钮,在打开的下拉列表中选择"插入表格"命令,打开"插入表格"对话框,列数输入"6",行数输入"12",如图 2-65 所示,单击"确定"按钮,即在文本编辑区插入一个 6 列 12 行的表格。

> **提示**
>
> 用户还可以通过菜单"表格"→"绘制表格",调出"表格和边框"工具栏,实现手工绘制表格。

步骤(3):选择表格,选择"开始"→"段落"组→"居中",将表格在页面左右居中对齐。

步骤(4):选择表格,在"表格工具"→"布局"→"单元格大小"组功能区中将高度设置为 0.8 厘米,宽度为 2.5 厘米。

步骤(5):合并单元格。

①选中第 8 行的 2～6 列单元格,右击弹出快捷菜单,选择"合并单元格",第 8 行的 2～6 列单元格合并为一个单元格。

②用上述方法将第 9 行的 2～6 列单元格合并,第 10 行的 2～6 列单元格合并,第 11 行的 2～6 列单元格合并,同时将第 12 行的 2～6 列单元格合并。

③用上述调整行高的方法,再次调整第 8、9、10、11、12 行的行高。

步骤(6):插入行或列。

选择表格第 12 行,单击"表格工具"→"布局"→"行和列"组→"在下方插入"命令,如图 2-66 所示,即在表格的末尾增加了一行。

图 2-66　表中插入行

小技巧

可以将鼠标定位在表格第 12 行右框线之外，按 Enter 键插入一行，或者右击第 12 行，在弹出的快捷菜单中选择"插入"→"在下方插入"命令，插入一行（第 13 行）。

在表格中插入列，可以用单击"表格工具"→"布局"→"行和列"组→"在左侧插入"或者"在右侧插入"命令。

步骤（7）：用鼠标单击第一个单元格，光标在单元格中闪动，即定位好输入点，在这个单元格中输入"员工编号"，如图 2-67 所示。接下来用相同的方法将其他文本输入表格。

图 2-67　输入文本

小技巧

用鼠标能够实现输入点的移动，还可用键盘上的方向键或 Tab/Shift＋Tab 键实现输入点的移动。

步骤（8）：设置单元格格式。

①光标定位在需要设置对齐格式的单元格中，单击"表格工具"→"布局"→"对齐方式"组→"水平居中"命令，完成选定单元格内容的水平与垂直居中操作。其他单元格操作类似，如图 2-68 所示。

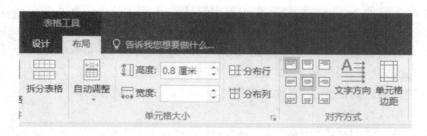

图 2-68　选择单元格对齐方式

②第 8 行第 2 列单元格、第 9 行第 2 列单元格、第 10 行第 2 列单元格、第 11 行第 2 列单元格、第 12 行第 2 列单元格的对齐方式为水平左对齐、垂直方向居中 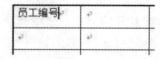。

③表格标题"员工信息表"设置为黑体、二号、加粗、居中，段前间距：1.5 行，段后间距：

自动,并将公司标识插入表名前,如图 2-69 所示。

④选中"工作经历""个人技能""爱好特长""自我评价""备注"单元格,单击"表格工具"→"布局"→"对齐方式"组→"文字方向"命令,完成选定单元格文字方向的改变,如图 2-68 所示。

图 2-69　表格标题

⑤为了使表格更加美观大方,将"工作经历""个人技能""爱好特长""自我评价""备注"单元格的段落对齐方式设置为分散对齐。

2. 用键盘快捷方式(Ctrl+Alt+A)录制宏,命名为"项目格式",快速完成项目单元格的格式设置:黑体、小四号,水平、垂直方向均居中。

步骤(1):选中表格单元格"员工编号",单击"视图"→"宏"→"录制宏"。

步骤(2):键入宏的名称"项目格式",在"将宏保存在"选项中默认选择"所有文档(Normal. dotm)",如图 2-70 所示。

图 2-70　"项目格式"宏

步骤(3):设置通过按键盘快捷方式运行宏。单击"键盘" 🖮 键盘(K) ,在"请按新快捷键"框中键入组合键(Ctrl+Alt+A),在"将更改保存在"选项中默认选择"Normal. dotm"。单击"指定"后"关闭",如图 2-71 所示。

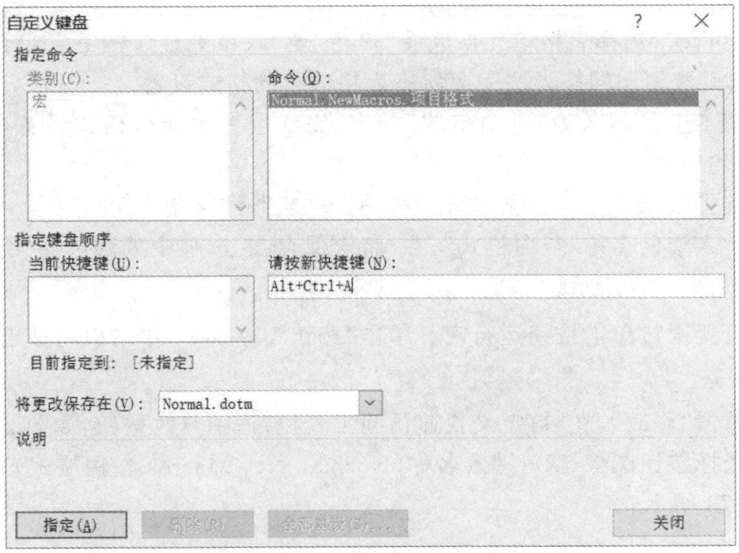

图 2-71　指定组合键

步骤(4):开始录制:在"开始"菜单中设置字体为黑体、小四号,在"表格工具布局"选项卡的"对齐方式"组中选择"水平居中"。

步骤(5):单击"视图"→"宏"→"停止录制"。

步骤(6):单击"文件"→"选项"→"信任中心"→"信任中心设置",选择"启用所有宏",如图 2-72 所示。

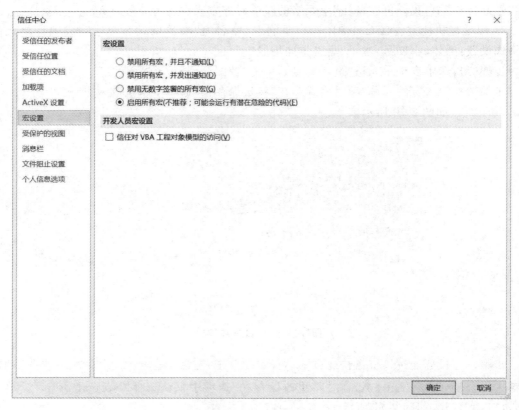

图 2-72　启用宏

步骤(7):运行宏,选择表格单元格区域"户籍"至"联系地址",按下宏组合键(Ctrl＋Alt＋A),实现格式设置。用同样方法完成所有表格项目的格式设置。

3. 使用按钮(▦)录制名为"空白格式"的宏,完成空白单元格格式设置:宋体、小四号,水平、垂直方向均居中。

步骤(1):选择表格空白单元格,单击"视图"→"宏"→"录制宏"。

步骤(2):键入宏的名称"空白格式",在"将宏保存在"选项中默认选择"所有文档（Normal.dotm)",如图 2-70 所示。

步骤(3):设置通过单击按钮运行宏。单击"按钮" ，单击以将该宏指定到某个按钮,如图 2-70 所示。

步骤(4):单击"修改",在"自定义快速访问工具栏"框中修改按钮,如图 2-7 所示。

步骤(5):选择按钮图像(▦),键入名称(Normal. NewMacros.空白格式),然后单击两次"确定",如图 2-73 所示。

图 2-73　修改宏按钮和名称

步骤（6）：开始录制。在"开始"菜单中设置字体为宋体、小四号，在"表格工具布局"选项卡的"对齐方式"组中选择"水平居中"。

步骤（7）：单击"视图"→"宏"→"停止录制"。

步骤（8）：运行宏，选择表格空白单元格区域，在"自定义快速访问工具栏"区域按下宏按钮（▨），可以实现所有空白单元格的格式设置。

4. 表格的外边框设置为 1.5 磅的实线，内边框设置为 1 磅的实线，底纹设置为 25％的淡蓝色图案。

步骤（1）：选择整个表格，在"表格工具"→"设计"→"边框"组功能区中，"线型"选择单实线，线宽选择 1 磅，单击"边框"下拉按钮，在打开的列表中选择"内部框线"命令。选择整个表格，"线型"选择单实线，线宽选择 1.5 磅，单击"边框"下拉按钮，在打开的列表中选择"外侧框线"命令，如图 2-74 所示。

步骤（2）：选择要设置的单元格，在"表格工具"→"设计"→"表格样式"组中，单击"底纹"，在下拉列表中选择"其他颜色"。打开"颜色"对话框，切换到"自定义"选项卡中，将 RGB 值设为（204，236，255），如图 2-75 所示。单击"确定"按钮，为指定单元格添加 25％的淡蓝色底纹图案。

图 2-74　设置表格的边框

图 2-75　"颜色"对话框

5. 设置"性别"输入使用复选框内容控件,"部门"和"学历"的输入使用下拉列表内容控件,规范员工信息的填写。

步骤(1):添加开发工具菜单。

单击菜单"文件"→"选项"→"自定义功能区",在"Word 选项"对话框右侧的"主选项卡"区域勾选"开发工具"并点击"确定",添加开发工具菜单,如图 2-76 所示。

图 2-76 添加开发工具菜单

步骤(2):设置复选框内容控件。

①单击菜单"开发工具",在"控件"组点击"设计模式"按钮,进入控件设计模式。

②将光标置于要添加复选框内容控件的单元格中,单击选择"控件"组的"复选框内容控件☑"工具按钮,单元格中出现复选框 ,在其后输入"男"。

③用上述相同方法再添加一个复选框内容控件,在其后输入"女",如图 2-77 所示。

☐ 男

☐ 女

图 2-77 复选框内容控件

④在"控件"组点击"属性"可以对控件进行相应的设置,可以添加标题、更改选中和未选中的标志等,如图 2-78 所示。

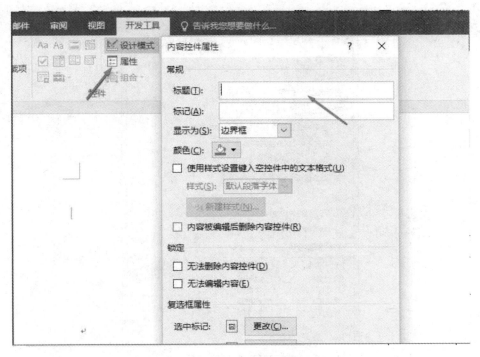

图 2-78　设置复选框属性

⑤再次单击"设计模式"按钮,退出控件设计模式,完成后效果如图 2-79 所示。

图 2-79　性别复选框控件

步骤(3):设置下拉列表内容控件。

①单击菜单"开发工具",在"控件"组点击"设计模式"按钮,进入控件设计模式。

②将光标置于要添加下拉列表内容控件的单元格中,单击选择"控件"组的"下拉列表内容控件 ▦"工具按钮,单元格中出现控件按钮,如图 2-80 所示。

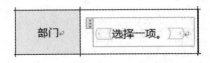

图 2-80　下拉列表内容控件

③将光标定位在控件单元格,单击"控件"组的"属性",打开"内容控件属性"对话框,如图 2-81 所示。

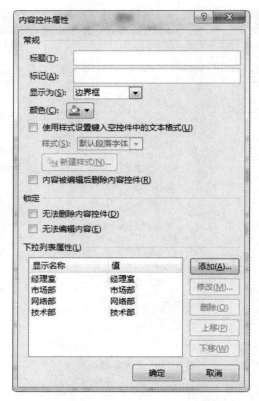

图 2-81 下拉列表内容控件属性

④单击"添加"按钮,在"添加选项"对话框的"值"区域输入部门名称"经理室",单击"确定"按钮,"经理室"添加到"下拉列表属性"中,如图 2-82 所示。

⑤用相同方法将所有的部门名称都添加到"下拉列表属性"中,完成后如图 2-81 所示。

⑥再次单击"设计模式"按钮,退出控件设计模式,完成后效果如图 2-83 所示。

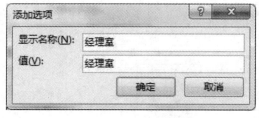

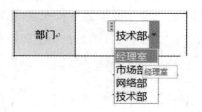

图 2-82 添加选项   图 2-83 完成部门下拉列表控件

步骤(4):重复上述操作,为"学历"添加"下拉列表内容控件",下拉列表中的项目为初中、高中、大专、本科、研究生、博士生,如图 2-84 所示。

员工编号		姓名		性别	☐男 ☐女
户籍		职务		部门	经理室
就职时间		现办公地点		学历	初 中

图 2-84　学历下拉列表

步骤(5):使用内容控件。

①单击内容控件左上角按钮,选中内容控件,内容控件变成灰色,如图 2-85 所示。

②单击"控件"组的"组合"按钮,将控件保护在单元格区域。

③用同样方法完成其他控件的保护。

④单击性别选项,未选中的选项用☒表示,选中的选项用☑表示;

⑤单击"下拉列表内容控件",下拉列表会显示所有的选项,选择需要的部门,如图 2-86 所示。相同的操作可在学历下拉列表中,选择正确的学历。

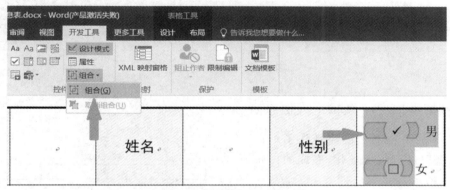

图 2-85　保护内容控件

图 2-86　使用内容控件

实验拓展一——制作旅游路线简介表

制作旅游路线简介表,包括创建表格、编辑表格、设置表格格式、绘制斜线表头等,要求如下,效果如图 2-87 所示。

1. 创建 Word 文档,设置页面格式,在文档中输入表名并插入公司标识。

2. 创建表格,并在单元格输入文本。

3. 调整单元格的行高及列宽(10 分),绘制斜线表头。

4. 设置单元格格式(主要包括字体、对齐方式、底纹)。

旅游路线简介表

自助游青旅联盟
www.youthss-travel.com

路线名 简介	具体路线	出发天数	往返交通	价格	推荐
九寨沟	上海—九黄机场— 黄龙— 九寨沟— 川主寺	4 天	双飞	￥2899	★★★★
长江三峡	上海—万州—长江三峡—宜昌—神农架—九畹溪—万州—成都	6 天	双汽单船	￥1200	★★★★
稻城	成都—雅安—泸定—康定—新都桥—雅江—理塘—稻城—日瓦—亚丁村	4 天	双汽	￥999	★★★★★
拉萨	北京—西藏—拉萨—纳木措—羊八井—日喀则—林芝	8 天	双飞	￥3500	★★★
拉萨	成都—拉萨—纳木措—林芝	8 天	单卧单飞	￥2699	★★★★
老虎滩	大连—老虎滩（虎滩乐园）— 冰峪沟	3 天	双汽	￥898	★★★
上海世博会	厦门—上海世博会—杭州苏州—水乡乌镇	4 天	双飞	￥1880	★★★★
白水洋	福州—白水洋—漈头小鲤鱼溪	2 天	双汽	￥300	★★★★
红色之旅	福州—永定土楼—古田会址—冠豸山	3 天	双汽	￥488	★★★★★
黄山	厦门—杭州—黄山—唐模古村落—醉温泉	3 天	双飞	￥1990	★★★★
广深珠游	厦门—广州—深圳—珠海—西樵山黄飞鸿	5 天	双飞	￥1600	★★★
张家界	厦门—长沙—韶山—张家界—凤凰	4 天	双汽	￥2280	★★★★
北京游	深圳—北京—天安门广场—故宫—王府井—颐和园—圆明园—长城	5 天	双飞	￥2688	★★★★★
北京游	天安门广场—故宫—长城—十三陵—鸟巢—天坛	3 天	双汽	￥550	★★★★
中原文化之旅	郑州—开封—洛阳—云台山—太行山	4 天	双汽	￥899	★★★★

图 2-87 旅游路线简介

实验拓展二——编辑个人信息表

某大学的一位同学已经制作了个人信息表，需要进行编辑美化，完成的样张如图 2-88 所示。

1. 下载"素材 2"，另存为"个人信息表.docx"文件。

2. 设置页面的左、右页边距为 2 厘米。

3. 标题"个人信息表"，设置为黑体、小二号、加粗，居中显示。

4. 表格除第 13 行外，其余行的行高均为 0.7 厘米，第 13 行的行高 2.8 厘米，第 1～6 列的列宽 2.2 厘米，第 7 列的列宽 2.75 厘米，表格在页面居中显示。

5. 表格第 1、7、12、14、19 行的文字与照片设置为宋体、四号、加粗，居中对齐，其他文字设置为宋体、五号、常规、左对齐。

6. 表格的外框线及第 1、7、12、14、19 行上下框线设置为 0.5 磅双线，其余框线

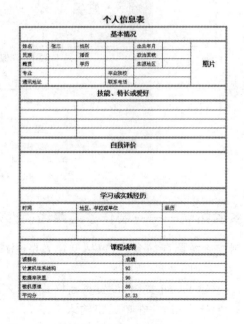

图 2-88 个人信息表样张

设置为 0.5 磅单线。

7. 利用公式计算课程成绩的平均分,并按课程成绩的降序进行排序。

8. 保存文件。

实验 2-5　批量制作邀请函——邮件合并

实验目的

1. 掌握快速导入数据表的方法。

2. 掌握使用邮件合并功能批量生成邀请函的方法。

实验内容

1. 准备数据源:收集贵宾的信息,编制成 Excel 表格,并保存为"客户通信录.xlsx"。

2. 制作邀请函主文档:纸张为"自定义大小",宽度设为 15 厘米,高度设为 10 厘米,将上、下、左、右页边距都设置为 1.5 厘米,插入背景图片"邀请函背景图片.png",插入文本框,编辑并输入文字,完成效果如图 2-89 所示。

图 2-89　邀请函样式

3. 连接到数据源:将"客户通信录.xlsx"文件中的"客户"工作表作为数据源导入"收件人列表中"。

4. 插入合并域:向邀请函主文档中适当的位置插入"负责人"和"称呼"信息域。

5. 合并生成最终文档:邀请函主文档和客户信息合并在一起,预览结果后,完成合并,生成每位客户各一张邀请函。

完成的效果如图 2-90 所示。

图 2-90　完成合并

实验步骤

1. 准备数据源：收集贵宾的信息，编制成 Excel 表格，并保存为"客户通信录.xlsx"。

步骤（1）：收集贵宾的信息，并将这些信息数据按一定的格式编制成 Excel 表格，并保存为"客户通信录.xlsx"，即制作邀请函所需要的数据源，如图 2-91 所示。

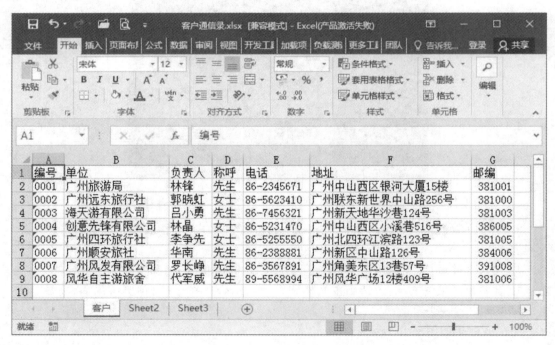

图 2-91　客户通信录

2. 制作邀请函主文档:纸张为"自定义大小",宽度设为 15 厘米,高度设为 10 厘米,将上、下、左、右页边距都设置为 1.5 厘米,插入背景图片"邀请函背景图片.png",插入文本框,编辑并输入文字,完成效果如图 2-89 所示。

步骤(1):启动 Microsoft Word,创建一个空白文档。

步骤(2):单击菜单"布局",在"页面设置"组中单击对话框启动器,调出"页面设置"对话框,切换到"纸张"选项卡,在"纸型"下拉列表中选择"自定义大小",并将"宽度"设为"15 厘米","高度"设为"10 厘米",即设置好邀请函的页面大小。

步骤(3):切换到"页边距"选项卡,在"页边距"区域中,将上、下、左、右页边距都设置为"1.5 厘米",单击"确定"。

步骤(4):制作邀请函的版式,利用前面所学知识插入背景图片,插入文本框,输入文本,设置文本格式,设置段落和文本框格式,得到结果如图 2-89 所示。

3. 连接到数据源:将"客户通信录.xlsx"文件中的"客户"工作表作为数据源导入"收件人列表中"。

步骤(1):打开"邀请函模板.docx"文档,执行菜单"邮件"→"开始邮件合并",在下拉列表中选择"普通 Word 文档"。

步骤(2):单击"选择收件人",在下拉列表中选择"使用现有列表…",在弹出的"选取数据源"对话框中,选择"客户通信录.xlsx",如图 2-92 所示。

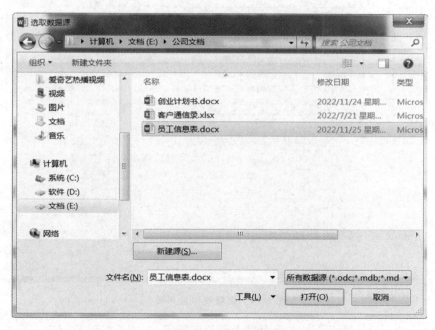

图 2-92　选取数据源

步骤(3):选择"客户"工作表,勾选"数据首行包含列标题",如图 2-93 所示,确定后,完成导入数据源。

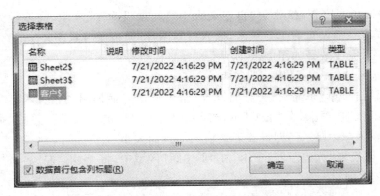

图 2-93　选择数据源工作表

步骤(4)：导入的列表可通过点击"编辑收件人列表"查看,勾选需要邀请的客户,如图 2-94 所示。

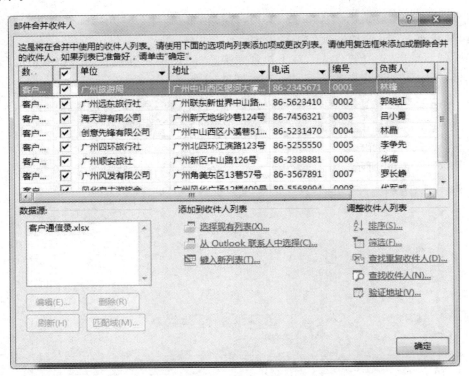

图 2-94　编辑收件人列表

4. 插入合并域：向邀请函主文档中适当的位置插入"负责人"和"称呼"信息域。

步骤(1)：将光标定位到邀请函模板的文字"尊敬的"之后,执行菜单"插入合并域",选择"负责人"和"称呼"(该字段为 Excel 文档中的标题,如果 Excel 工作表中有多个字段,则此处会有多个不同的选项),若出现《负责人》《称呼》占位符,则表明已成功将"负责人"和"称呼"域插入文档中。

步骤(2)：在占位符"负责人"前后各加一个空格,完成效果如图 2-95 所示。

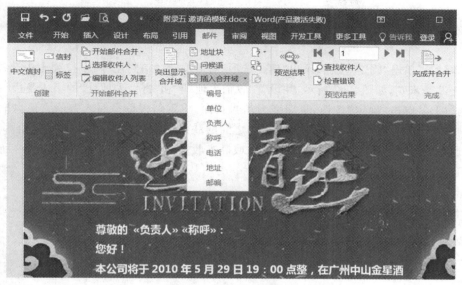

图 2-95　插入合并域效果

5. 合并生成最终文档：邀请函主文档和客户信息合并在一起，预览结果后，完成合并，生成每位客户各一张邀请函。

步骤(1)：单击"预览结果"，可以看到合并后的效果，单击"上一记录"和"下一记录"按钮，可以翻看每条记录的合并效果，再次单击"预览结果"，返回合并编辑状态。

步骤(2)：执行菜单"邮件"的"完成并合并"，选择"编辑单个文档"，在弹出的菜单中，选择"全部"，如图 2-96 所示，单击"确定"后，生成"信函 1"文档，合并生成每位受邀客户的邀请函，如图 2-90 所示。

步骤(3)：查看邀请函格式或内容是否有误，确认无误后，将文件另存为"2010 年 5 月邀请函.docx"保存至公司文档文件夹。

图 2-96　合并到新文档窗口

实验拓展——批量制作信封

邀请函制作好后，需要制作信封，将邀请函装入信封邮递出去。要求如下：

1. 确定信封的版式。
2. 插入寄信人信息。
3. 插入收信人信息，打开数据源，选择所要的数据记录，插入域，查看合并数据，合并到新文档。

步骤(1)：新建一个空白文档，执行菜单"邮件"→"开始邮件合并"，在下拉列表中选择"信封"。

步骤(2)：单击"确定"按钮，调出"信封选项"对话框，在"信封尺寸"下拉列表中选择"普通1(102×165毫米)"，如图2-97所示，并设置"收信人地址"和"寄信人地址"的字体及边距。

步骤(3)：单击"确定"按钮，页面变为信封页面，将寄信人信息写入寄信人信息框中。

步骤(4)：打开数据源，建立数据与文档之间的联系，通过"收件人"工具确定给哪些客户发信。通过"插入域"工具，将收信人的信息域插入收信人信息框中，结果如图2-98所示。

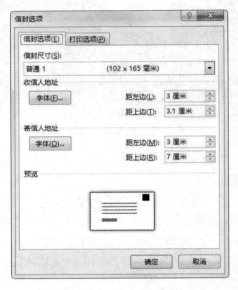

图 2-97　信封选项

图 2-98　信封模板

步骤(5)：通过"查看合并数据"工具，查看合并后的效果，如图2-99所示，将文档以"信封(模板).doc"文件名保存在公司文档中。

图 2-99　合并后的信封

步骤(6)：单击"合并到新文档"工具，使每个记录生成一张信封，将文档以"信封.docx"文件名保存在公司文档中，并打印出来以备使用。

第三章　Excel 2016 电子表格处理软件操作实践

Microsoft Excel 是 Microsoft 为使用 Windows 和 macOS 操作系统的电脑编写的一款电子表格软件。直观的界面、出色的计算功能和图表工具使 Excel 成为最流行的个人计算机数据处理软件，被应用于各个专业领域。

本章以"学生成绩报表的创建与分析"为项目，完成本项目操作主要涉及以下知识点。

知识点 1:新建和保存工作簿

1. 新建工作簿

启动 Excel 软件后，可以根据任务选择系统已经设置好的工作簿模板，快速新建相应文件，也可以选择"空白工作簿"，创建名为"工作簿 1.xlsx"的空白工作簿。Excel 的工作表编辑区中的上端横排是单元格的列名，编号：A～Z,AA～AZ,AB～BZ,…,ZZ,AAA～AAZ,…,XFD,共 16384 列；左方是行号，编号:1～1048576。

2. 保存工作簿

单击"文件"→"选项"，弹出"Excel 选项"对话框，选择"保存"选项，在右侧自定义工作簿的保存方法，将"保存自动恢复信息时间间隔"修改为 5 分钟，"自动恢复文件位置"修改为:"D:\书本编辑\Excel\"，使 Excel 每隔 5 分钟自动保存一次，防止由于意外情况造成文档数据丢失。

知识点 2:Excel 数据的输入与编辑

1. Excel 中的数据类型

Excel 中常见的数据类型包括文本型、数值型、逻辑型、日期和时间型。

在 Excel 中，文本包括汉字、字母、数字字符、空格及各种符号，是作为字符串处理的数据。在默认状态下，文本型数据在单元格内均左对齐显示。

数值型数据可以是整数、小数或科学记数（如 5.4E+12）。在数值中可以出现的符号包括正号(+)、负号(−)、()、/、美元符号($)、百分号(%)和指数符号(E)等。

逻辑型数据有 TRUE 和 FALSE。在默认状态下，逻辑型数据在单元格中均居中对齐显示。

在单元格中快速输入日期和时间型数据有两种方式:按"Ctrl+;"组合键,可输入当前系统日期;按"Ctrl+Shift+;"组合键,可输入当前系统时间。

2. 填充数据

带有数值的文本型数据在向上、向左填充时,数值递减;向下、向右填充时,数值递增,默认步长值为 1。不带有数值的文本型数据,填充即为复制。

从 Excel 2013 开始,新增了"快速填充"功能,快捷键组合是"Ctrl+E"。有别于"自动填充",使用"快速填充",可以批量提取数据、合并或拆分数据、数据换位、添加数据等。

3. 导入外部数据

Excel 工作表中的数据除了靠用户手动输入外,还可以通过导入的方法将外部数据导入 Excel 工作表中。Excel 可以导入的数据有 TXT、CSV 等文本格式的数据文件,来自网络中的数据,来自工作簿某单元格区域的数据,或来自数据库中的数据。导入的数据将以表格的形式插入 Excel 工作表中,可以通过"转换为区域"将插入的表格转换为当前工作表的单元格区域。

4. 数字格式

Excel 中包含的数字格式有数值、货币、会计专用、日期、时间、百分比、分数、科学记数、文本、特殊等类型。在 Excel 中输入数据时,一般情况下,Excel 会自动根据输入的数据识别其类型。如果对数字格式不满意,可以在"设置单元格格式"对话框中修改格式。

知识点 3:格式化 Excel 工作表

1. 单元格样式

设置单元格格式除了数字格式外,还有对齐、字体、边框和填充等。Excel 不仅内置了多种单元格样式,还可以让用户根据需要自定义单元格样式。使用这些样式,可以快速设置单元格格式。用户可以套用 Excel 内置的表格格式或者自定义的表格格式来快速美化表格。

2. 内置主题

Excel 的工作簿主题包括主题、颜色、字体及效果。使用 Excel 内置的主题功能,可实现工作表的美化操作。若要恢复应用主题之前的效果,单击"页面布局"→"主题"组→"主题"按钮,在弹出的下拉列表中选择"Office"选项即可。

3. 条件格式

Excel 中条件格式的设置能为电子表格中不同层次的数据添加不同颜色,使工作表数据看上去更有活力,也更直观。

知识点 4:公式与函数的应用

1. 公式的使用

在 Excel 中,公式是对单元格中数据进行计算的等式。通过公式可以对单元格中的数值进行加、减、乘、除等简单运算,也可以使用公式对字符串进行比较、连接等运算,还可以通过公式进行统计、财务等复杂运算。公式的输入必须以等号(=)开头,其后为常量、函数、运算符、单元格引用和单元格区域等。

公式一般都可以直接输入,操作方法是:先选定单元格,输入"="号,然后再输入公式,最后按"Enter"键或用鼠标单击编辑栏中的"√"按钮确认。

修改公式的方法类似于单元格的数据编辑操作方法。

2. 运算符

在 Excel 中,运算符分为 4 种类型,分别是算术运算符、比较运算符、文本运算符和引用运算符。

(1)算术运算符

Excel 中的算术运算符包括"+(加)"、"—(减或负数)"、"/(除)"、"＊(乘)"、"％(百分比)"、"ˆ(乘幂)"。

(2)比较运算符

Excel 中的比较运算符包括"＝(等于)"、"＞(大于)"、"＜(小于)"、"＞＝(大于等于)"、"＜＝(小于等于)"、"＜＞(不等于)"。

(3)文本运算符

Excel 中的文本运算符为"＆",用于连接两个文本。例如,"你"＆"早上好"＝"你早上好"。

(4)引用运算符

Excel 中的引用运算符包括:":"(冒号)、","(逗号)、" "(空格)。

①":"用于引用由两对角的单元格围起来的单元格区域。

例如,"A2:B5",引用单元格 A2 到单元格 B5 之间单元格矩形区域内的所有单元格,即指定了 A2、B2、A3、B3、A4、B4、A5 和 B5 六个单元格。

②","用于同时引用多个不连续单元格或单元格区域。

例如,"A2,B5",同时引用 A2 和 B5 两个单元格;"A1:E1,B2:F2",同时引用 A1:E1 和 B2:F2 两个单元格区域。

③空格,用于引用两个或两个以上单元格区域的重叠部分。

例如,"B3:C5 C3:D5",指两个单元格区域 B3 至 C5 以及 C3 至 D5 的交集部分,即引用 C3,C4,C5 三个单元格。

在公式中通常要引用单元格来代替单元格中的实际数值,引用单元格数据后,公式的运算值将随着被引用单元格数据的变化而变化。

3. 引用类型

Excel 提供了三种不同的引用类型:相对引用、绝对引用和混合引用。

所谓相对引用,是指当公式在复制时,公式中的引用单元格地址会随之改变。

绝对引用是指在复制公式时,无论如何改变公式的位置,其引用单元格的地址都不会改变。绝对引用的表示形式是在相对引用的基础上,在列名和行号前都加"＄"。

混合引用的单元格的行和列之中一个是相对引用,另一个是绝对引用,如 ＄K3 或 K＄3。当公式复制到新的位置时,公式中的单元格的相对地址部分会随着位置而变化,而绝对地址部分仍不变。

在编辑栏或单元格中输入单元格地址后,可以按"F4"键来切换"相对引用"、"绝对引用"和"混合引用"3 种状态。

4. 跨表或跨工作簿的引用

(1)跨工作表的单元格引用

格式:＝工作表名!单元格地址

例如,"＝Sheet1!A1+B2"表示引用工作表 Sheet1 中的单元格 A1 和当前工作表中的单元格 B2。

(2)跨工作簿的单元格引用

格式：＝[工作簿名]工作表！单元格地址

例如，"＝[工作簿 1]Sheet1！A1 ＋Sheet2！B2"表示引用工作簿 1 中工作表 Sheet1 中的单元格 A1 和当前工作簿中工作表 Sheet2 中的单元格 B2。

5. 函数的使用

Excel 函数是一种预定义的公式，它是通过引用参数接收数据，并返回结果。Excel 提供了丰富的内置函数，按照应用领域，这些函数可以分为 12 大类：财务函数、逻辑函数、文本函数、日期和时间函数、查找与引用函数、数学和三角函数、统计函数、工程函数、多维数据集函数、信息函数、兼容性函数、Web 函数等。

函数的一般形式为：函数名(参数 1，参数 2，…)。

(1)SUM 函数的应用

SUM 函数是求和函数，函数形式是 SUM(num1,num2,…)，用于对指定单元格区域中所有数据求和。

(2)AVERAGE 函数的应用

AVERAGE 函数是平均值函数，函数形式是 AVERAGE(num1,num2,…)，用于对指定单元格区域中所有数据求平均值。

(3)COUNT 函数的应用

COUNT 函数是计数函数，函数形式是 COUNT(num1,num2,…)，用于对指定单元格区域内的数字单元格计数。

(4)MAX 函数和 MIN 函数的应用

MAX 函数是最大值函数，函数形式是 MAX(num1,num2,…)，用于求出指定单元格区域中最大的数。MIN 函数是最小值函数，函数形式是 MIN(num1,num2,…)，用于求出指定单元格区域中最小的数。

(5)INT 函数的应用

INT 函数是取整函数，函数形式是 INT(number)，用于求数值型数据的整数部分。

(6)IF 函数的应用

IF 函数是条件函数，函数形式是 IF(Logical_test,Value_if_true,Value_if_false)，Logical_test 为测试条件，比如"A1＞90"，结果返回 TRUE 或 FALSE。如果判断返回 TRUE，那么 IF 函数返回第二个参数 Value_if_true，否则返回第三个参数 Value_if_false。

(7)IFS 函数的应用

IFS 函数是多条件判断函数，函数形式是 IFS(Logical_test1,Value_if_true1，Logical_test2，Value_if_true2，…，Logical_test127，Value_if_true127)。Logical_test1 为测试条件 1，是按正确的顺序判断的第一个条件，结果返回 TRUE 或 FALSE。如果判断返回 TRUE，那么 IFS 函数返回 Value_if_true1；Logical_test2 为测试条件 2，是按正确的顺序判断的第二个条件，如果判断返回 TRUE，那么 IFS 函数返回 Value_if_true2。以此类推，IFS 最多允许判断 127 个条件，返回 127 个值。

(8)COUNTIF 函数的应用

COUNTIF 函数是条件计数函数，函数形式是 COUNTIF(range,criteria)，用于计算某个区域中满足条件的单元格数目。

（9）SUMIF 函数的应用

SUMIF 函数是条件求和函数，函数形式是 SUMIF(range,criteria,sum_range)，用于根据某区域指定条件对若干单元格求和，range 是指用于条件判断的单元格区域，sum_range 为需求和的单元格区域。

（10）RANK 函数的应用

RANK 函数是排位函数，函数形式是 RANK(number,ref,order)，用于返回一个数字在数字列表中的排位，order 若为 0 或省略表示降序，若非 0 为升序。

知识点 5：Excel 数据的基本分析

1. 排序

Excel 中有简单排序、多条件排序和自定义排序。简单排序就是对单列数据进行升序或降序排序。多条件排序就是通过"排序"对话框，设定多级排序条件，可对选择的数据清单进行多条件排序。Excel 的自定义排序中，用户可以根据需要设置自定义排序序列。

2. 筛选

筛选数据可以使用户快速地查找和处理表格中的数据，在执行了筛选功能后，可以在表格中只显示满足筛选条件的行，暂时隐藏其他不必显示的行。Excel 同时提供了"自动筛选"和"高级筛选"命令来筛选数据。如果要对某个列或多个列应用较为复杂的筛选条件，必须使用高级筛选方式。

3. 分类汇总

数据的分类汇总是对数据清单进行数据分析的一种重要方法。分类汇总首先按指定的列分类，将相同类别的数据放在一起，然后按汇总方式计算各汇总项的值。

（1）简单分类汇总

简单分类汇总就是对单列数据进行分类，然后再进行汇总计算。

（2）多重分类汇总

多重分类汇总就是先对两列或更多列进行分级排序分类，然后再按分类项的优先级多次执行分类汇总。

4. 图表

Excel 提供 16 种图表类型以及组合类型，每种图表类型又有多种子类型。用户可以选用适当类型的图表将工作表中的数据进行可视化表达，使数据显得更为直观和有说服力。

（1）创建图表

Excel 可以创建嵌入式图表和工作表图表。嵌入式图表就是与数据位于同一张工作表的图表；工作表图表则是特定的工作表，只包含单独的图表。

（2）编辑图表

图表创建后，Excel 自动打开"图表工具"的"设计"和"格式"选项卡，用户可根据需要在其中对图表进行各种编辑和设置。

（3）格式化图表

图表编辑完成后，为了使图表更加美观，可以对图表元素（如标题、绘图区、图表区、图例等）的文字、颜色、外观等进行格式设置。用户可以套用 Excel 内置的图表格式，也可以手动设置图表格式。

1. 数据透视表

Excel 可以通过数据透视表功能将筛选、排序和分类汇总等操作依次完成，并生成汇总表格。

2. 切片器

Excel 中的切片器是个筛选利器，可以让用户更快地筛选出多维数据，动态获取数据和动态显示图表。

实验 3-1　设计学生成绩表

实验目的

1. 掌握对工作表进行插入、移动、复制等基本操作的方法；
2. 掌握对单元格进行选择、合并、拆分等基本操作的方法；
3. 掌握对工作表中行、列的基本操作方法；
4. 掌握保护工作表和工作簿的方法。

实验内容

新建一份工作簿文档，保存工作簿文件为"学生成绩.xlsx"。

1. 在"Sheet1"工作表后面插入两张工作表"Sheet2"和"Sheet3"，在"Sheet3"前面依次插入空白工作表"Sheet4"、"Sheet5"和"Sheet6"。

2. 分别将"Sheet1"、"Sheet2"和"Sheet3"重命名为"语文"、"数学"和"英语"。

3. 将"英语"工作表移动到"Sheet6"工作表之前，再复制一份"英语"工作表至最后一张工作表之后。

4. 首先删除单张工作表"Sheet5"，然后同时删除"Sheet6"和"Sheet4"工作表。

5. 将"语文"工作表标签设置为红色，"数学"工作表标签设置为黄色，"英语"工作表标签设置为蓝色。

6. 在"语文"工作表中，合并后居中单元格区域（A1:G1）。

7. 分别在"语文"工作表的 A3、A4 单元格中输入"3"、"4"；在第 4 行上方插入一行；在 A 列左边插入新的一列；删除"语文"工作表中的第 4 行和 A 列。

8. 在"语文"工作表中，设置第 4 行至第 7 行的行高为 28 磅，将 A 至 G 列调整为最适合的列宽。

9. 先对"语文"工作表设置保护，保护密码为"abc123"，然后撤销对"语文"工作表的保护。

10. 对"学生成绩.xlsx"工作簿结构设置保护,密码为"123456",然后解除对工作簿结构的保护。

11. 设置工作簿"学生成绩.xlsx"的打开权限密码为"abc456",修改权限密码为"abc789"。

12. 在工作簿"学生成绩.xlsx"中,隐藏"英语(2)"工作表。

实验步骤

1. 在"Sheet1"工作表后面插入两张工作表"Sheet2"和"Sheet3",在"Sheet3"前面依次插入空白工作表"Sheet4"、"Sheet5"和"Sheet6";最终工作表标签排序如图 3-1 所示。

具体操作步骤如下:

步骤(1):⊕ 在工作簿"学生成绩.xlsx"中,先单击选择"Sheet1"工作表标签,再单击按钮,在选择的工作表标签后面插入新的工作表"Sheet2"。

步骤(2):用同样的方法在"Sheet2"后面插入两张新的工作表"Sheet3"、"Sheet4",也可以选择 Excel 自带的工作表模板,插入符合实验需求的工作表。

步骤(3):按"Shift+F11"组合键,可在当前工作表前插入新的工作表"Sheet5"。

步骤(4):单击选中"Sheet5"工作表标签,再单击"开始"→"单元格"→"插入"按钮,在弹出的下拉列表中选择"插入工作表"命令,可在当前工作表前插入新的工作表"Sheet6",效果如图 3-1 所示。

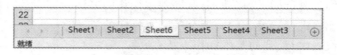

图 3-1 最终工作表标签顺序

2. 分别将"Sheet1"、"Sheet2"和"Sheet3"重命名为"语文"、"数学"和"英语"。

步骤(1):双击"Sheet1"工作表标签,使工作表标签名称处于可编辑状态。

步骤(2):输入工作表名称"语文",按"Enter"键确认,完成重命名。

重复步骤(1)、(2),将"Sheet2"、"Sheet3"重命名为"数学"、"英语",如图 3-2 所示。

图 3-2 完成重命名的工作表标签

3. 将"英语"工作表移动到"Sheet6"工作表之前,再复制一份"英语"工作表至最后一张工作表之后。

步骤(1):右击"英语"工作表标签,在弹出的快捷菜单中选择"移动或复制"命令,弹出"移动或复制工作表"对话框,如图 3-3 所示,选择要移动到的位置"Sheet6",不选中"建立副本"复选项,单击"确定"按钮,将"英语"工作表移动至"Sheet6"工作表之前。

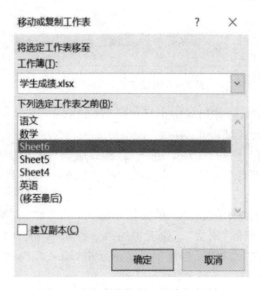

图 3-3　"移动或复制工作表"对话框

步骤（2）：右击"英语"工作表标签，同步骤（1）方法打开"移动或复制工作表"对话框，选择要复制到的位置，这里选择"移至最后"，选中"建立副本"复选项，单击"确定"按钮，即可复制一份"英语"工作表至最后，默认工作表名为"英语（2）"。效果如图 3-4 所示。

图 3-4　移动、复制工作表后效果图

4. 首先删除单张工作表"Sheet5"，然后删除"Sheet6"和"Sheet4"工作表。

步骤：右键单击工作表名"Sheet5"，选择"删除"，用同样方法删除"Sheet4"和"Sheet6"工作表。

最终效果如图 3-5 所示。

图 3-5　删除工作表后的效果图

5. 将"语文"工作表标签设置为红色，"数学"工作表标签设置为黄色，"英语"工作表标签设置为蓝色。

步骤：右击"语文"工作表标签，在弹出的菜单中选择"工作表标签颜色"→"标准色（红色）"选项，标签设置为红色。

用同样步骤将"数学"工作表标签设置为标准色（黄色），"英语"标签设置为标准色（蓝色）。效果如图 3-6 所示。

图 3-6　设置工作表标签颜色

6. 在"语文"工作表中,合并后居中单元格区域(A1:G1)。

步骤(1):选择单元格区域(A1:G1)。

步骤(2):单击"开始"→"对齐方式"组→"合并后居中"旁边的下拉按钮,在弹出的下拉列表中选择"合并后居中"选项,即可合并单元格区域(A1:G1),且单元格区域数据居中显示。

7. 分别在"语文"工作表的 A3、A4 单元格中输入"3"、"4";在第 4 行上方插入一行;在 A 列左边插入新的一列;删除"语文"工作表中的第 4 行和 A 列。

步骤(1):单击选中在"语文"工作表的 A3 单元格,输入"3",按"Enter"键确认,同样方法在 A4 单元格输入 4,如图 3-7 所示。

步骤(2):右键单击行号"4",在弹出的快捷菜单中选择"插入",即可在第 4 行上方插入新的一行,如图 3-8 所示,用同样方法,在 A 列左边插入新的一列,如图 3-9 所示。

步骤(3):右键单击行号"4",在弹出的快捷菜单中选择"删除",即可删除第 4 行;

步骤(4):右键单击列名"A",在弹出的快捷菜单中选择"删除",即可删除 A 列。

图 3-7　输入数据　　　　**图 3-8　插入一行**　　　　**图 3-9　插入一列**

8. 在"语文"工作表中,设置第 4 行至第 7 行的行高为 28 磅;将 A 至 G 列调整为最适合的列宽。

步骤(1):选择要调整行高的第 4 行至第 7 行,右键单击,在弹出的快捷菜单中选择"行高",打开"行高"对话框,如图 3-10 所示,输入以磅为单位的行高值"28",单击"确定"按钮。

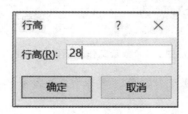

图 3-10　"行高"对话框

步骤(2):选择 A 至 G 列,把鼠标光标移至 A 至 G 列中任意两列的列名之间,当鼠标光标变为✛形状时,双击,即可将 A 至 G 列的列宽调整为最适合数据的宽度。

9. 先对"语文"工作表设置保护,保护密码为"abc123",然后撤销对"语文"工作表的保护。

步骤(1)：切换至"语文"工作表，单击"审阅"→"更改"组→"保护工作表"按钮，打开如图3-11所示对话框，选择允许用户进行的操作，在文本框中输入密码"abc123"，单击"确定"按钮后弹出"确认密码"对话框，如图3-12所示；再输入密码"abc123"，单击"确定"按钮，用户将不能进行未选择的操作，如设置单元格格式等。如果用户进行未选择的操作，系统将弹出如图3-13所示的警告信息。

步骤(2)：单击"审阅"→"更改"组→"撤销工作表保护"按钮，弹出"撤销工作表保护"对话框，在文本框中输入密码"abc123"，单击"确定"按钮，即可撤销对"语文"工作表的保护。

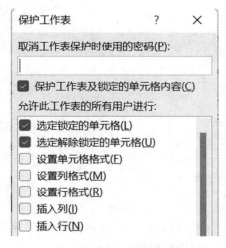

图 3-11　"保护工作表"对话框

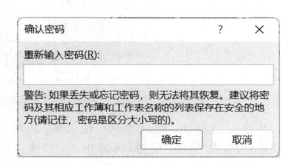

图 3-12　"确认密码"对话框

图 3-13　"Microsoft Excel"警告框

10. 对"学生成绩.xlsx"工作簿结构设置保护，密码为"123456"，然后解除对工作簿结构的保护。

步骤(1)：单击"审阅"→"更改"组→"保护工作簿"按钮，打开"保护结构和窗口"对话框，如图3-14所示。在文本框中输入密码"123456"，单击"确定"按钮后弹出"确认密码"对话框，再输入密码"123456"，单击"确定"按钮。右键点击"语文"工作表标签，在弹出的快捷菜单中会发现，所有对工作簿结构更改的选项都变为灰色，表示当前不可用。

步骤(2)：单击"审阅"→"更改"组→"保护工作簿"按钮，打开"撤销工作簿保护"对话框，在文本框中输入密码

图 3-14　"保护结构和窗口"对话框

"123456",单击"确定"按钮,即可解除对工作簿结构的保护。

11. 设置工作簿"学生成绩.xlsx"的打开权限密码为"abc456",修改权限密码为
"abc789"。

步骤(1):单击"文件"→"另存为",在右边"另存为"区域单击"浏览",在弹出的"另存为"
对话框中单击"工具"按钮。

步骤(2):打开"常规选项"对话框,如图3-15所示。输入打开权限密码"abc456",修改
权限密码"abc789",单击"确定"按钮。

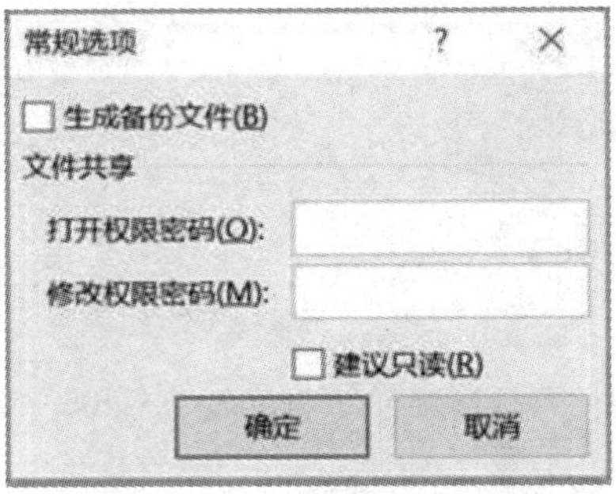

图3-15 "常规选项"对话框

步骤(3):弹出"确认密码"对话框,如图3-16所示。再一次输入打开权限密码
"abc456",单击"确定"按钮,再弹出一个"确认密码"对话框;再一次输入修改权限密码
"abc789",单击"确定"按钮,即可为工作簿设置打开权限和修改权限。

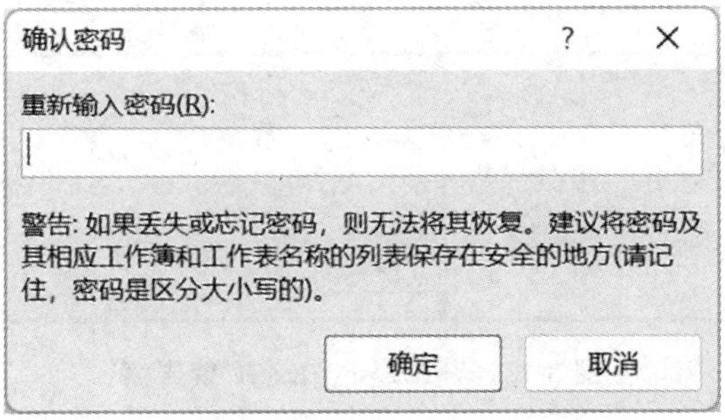

图3-16 "确认密码"对话框

步骤(4):再次打开工作簿时,将弹出"密码"对话框,如图3-17所示。输入打开权限密
码"abc456"后单击"确定"按钮,再弹出一个"密码"对话框,输入修改权限密码"abc789"后单
击"确定"按钮,即可打开工作簿"学生成绩.xlsx"进行编辑。

图3-17 "密码"对话框

12. 在工作簿"学生成绩.xlsx"中,隐藏"英语(2)"工作表。

步骤:右键单击"英语(2)"工作表标签,在弹出的快捷菜单中选择"隐藏",即可隐藏"英语(2)"工作表。

实验拓展

1. 新建一份空白工作簿文件,命名为"2020 级法律专业期末成绩单.xlsx"。

2. 在工作簿中另外新建两张工作表,工作表名分别为"法律 1 班"、"法律 3 班";在"法律 3 班"工作表前插入一张新的工作表,命名为"法律 2 班"。

3. 复制一张"法律 1 班"工作表至最后,命名为"法律 1 班备份表";移动该备份表至"法律 1 班"工作表的后面;删除"法律 1 班备份表"。

4. 设置"法律 1 班"工作表标签为红色;在"法律 1 班"工作表中合并居中(A1:G1)单元格区域;设置第 1 行的行高为 30 磅。

5. 保护"法律 1 班"工作表,设置密码为"falv1";保护该工作簿的结构,设置密码为"jiegou1";设置工作簿的打开权限密码为"falv123",修改权限密码为"falv456"。

6. 为工作簿新建一个窗口"2020 级法律专业期末成绩单.xlsx:2";将工作簿两个窗口都隐藏,然后取消隐藏窗口"2020 级法律专业期末成绩单.xlsx:1"。

效果如图 3-18 所示。

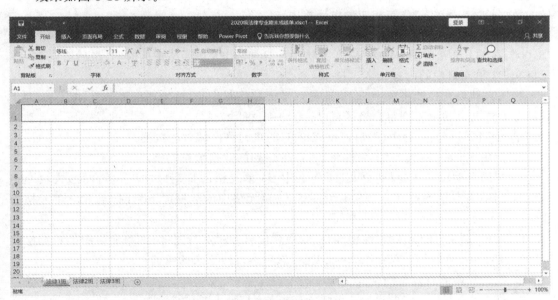

图 3-18　实验拓展效果图

实验 3-2 Excel 数据的输入与编辑

实验目的

1. 掌握 Excel 中所有的数据类型的输入方法；
2. 掌握用自动填充功能快速填入数据的方法；
3. 掌握验证数据有效性的方法；
4. 掌握设置数据格式的方法；
5. 掌握将外部数据导入 Excel 工作表的方法。

实验内容

1. 清除"语文"工作表中的所有数据；设置 A 列的列宽为 10 磅；将数据输入工作表相应的单元格中，并将各列调整为最适合的列宽。

2. 图 3-19 中单元格区域(E3:E22)和(G3:G22)中的数据都是数值型数据，将这两个区域的数据输入"语文"工作表相应的单元格中。

在"语文"工作表中，在 F3 单元格输入"2021/1/10"或"2021-1-10"；在 H3 单元格输入"8:00"；在 H4 单元格同时输入 F3 单元格中的日期和 H3 单元格中的时间；最后清空 H3 单元格和 F3 单元格中的内容。

利用自动填充功能将数字"1"快速输入单元格区域(H3:H15)中；将"1~13"以 1 为步长的等差序列自动填充到单元格区域(I3:I15)中；将"1~37"以 3 位步长的等差序列自动填充到单元格区域(J3:J15)中；最后清空(H3:J15)单元格区域中的数据。

3. 使用 Excel 的自动填充功能将 A、C 和 D 列的数据填充完整。

4. 利用自动填充功能将"语文"工作表中 F3 单元格的日期以"日"递增的形式填充至 F22 单元格；清空单元格区域(F3:F22)；将 F3 单元格中的数据向下复制，至 F22 单元格为止。

5. 设置"语文"工作表中"性别"的有效序列："男"或"女"；先将 C3 单元格中的数据修改为"8"，按"Enter"键后观察有什么情况发生，然后再改回原来的数据。

6. 成绩数值的有效范围是 0~100。

7. 将 "源资料\课本案例\3.2\数学.txt"文本文档导入"数学"工作表中；打开"数学.txt"文件，将"宋子丹期末成绩"修改为"95"；刷新"数学"工作表中的数据，观察变化情况；取消导入表格的外部链接，转换为普通单元格区域数据；采用相同方法将"英语.csv"文件导入到"英语"工作表中。

8. 设置"语文"工作表中的所有平时成绩数据保留 1 位小数；设置所有期末考试时间数据的格式为"03/14/12"。

	A	B	C	D	E	F	G	H
1					初三年段部分学生语文成绩			
2	学号	姓名	性别	班级	平时成绩	期末考试时间	期末成绩	
3	0121401	宋子丹	女	1班	97	2021年1月10日	90	
4	0121402	郑菁华	女	2班	95	2021年1月10日	87	
5	0121403	张雄杰	男	1班	92	2021年1月10日	100	
6	0121404	江晓勇	男	2班	87	2021年1月10日	99	
7	0121405	齐小娟	女	1班	77	2021年1月10日	72	
8	0121406	孙如红	女	3班	91	2021年1月10日	92	
9	0121407	甄士隐	男	4班	88	2021年1月10日	92	
10	0121408	周梦飞	男	2班	75	2021年1月10日	85	
11	0121409	杜春兰	女	3班	80	2021年1月10日	72	
12	0121410	苏国强	男	1班	71	2021年1月10日	78	
13	0121411	张杰	男	4班	88	2021年1月10日	92	
14	0121412	吉莉莉	女	3班	77	2021年1月10日	73	
15	0121413	莫一明	男	2班	98	2021年1月10日	94	
16	0121414	郭晶晶	女	1班	88	2021年1月10日	77	
17	0121415	侯登科	男	4班	76	2021年1月10日	74	
18	0121416	宋子文	女	3班	98	2021年1月10日	90	
19	0121417	马小军	男	2班	95	2021年1月10日	86	
20	0121418	郑秀丽	女	1班	99	2021年1月10日	97	
21	0121419	刘小红	女	4班	88	2021年1月10日	94	
22	0121420	陈家洛	男	3班	96	2021年1月10日	98	

图 3-19 "语文"工作表数据

	A	B	C	D	E	F	G	H	I
1					初三年段部分学生语文成绩				
2	学号	姓名	性别	班级	平时成绩	期末考试时间	期末成绩	姓	班级姓名
3	0121401	宋子丹	女	1班	97.0	01/10/21	90	宋	1班宋子丹
4	0121402	郑菁华	女	2班	95.0	01/10/21	87	郑	2班郑菁华
5	0121403	张熊杰	男	1班	92.0	01/10/21	100	张	1班张熊杰
6	0121404	江晓勇	男	2班	87.0	01/10/21	99	江	2班江晓勇
7	0121405	齐小娟	女	1班	77.0	01/10/21	72	齐	1班齐小娟
8	0121406	孙如红	女	3班	91.0	01/10/21	92	孙	3班孙如红
9	0121407	甄士隐	男	4班	88.0	01/10/21	92	甄	4班甄士隐
10	0121408	周梦飞	男	2班	75.0	01/10/21	85	周	2班周梦飞
11	0121409	杜春兰	女	3班	80.0	01/10/21	72	杜	3班杜春兰
12	0121410	苏国强	男	1班	71.0	01/10/21	78	苏	1班苏国强
13	0121411	张杰	男	4班	88.0	01/10/21	92	张	4班张杰
14	0121412	吉莉莉	女	3班	77.0	01/10/21	73	吉	3班吉莉莉
15	0121413	莫一明	男	2班	98.0	01/10/21	94	莫	2班莫一明
16	0121414	郭晶晶	女	1班	88.0	01/10/21	77	郭	1班郭晶晶
17	0121415	候登科	男	4班	76.0	01/10/21	74	候	4班候登科
18	0121416	宋子文	女	3班	98.0	01/10/21	90	宋	3班宋子文
19	0121417	马小军	男	2班	95.0	01/10/21	86	马	2班马小军
20	0121418	郑秀丽	女	1班	99.0	01/10/21	97	郑	1班郑秀丽
21	0121419	刘小红	女	4班	88.0	01/10/21	94	刘	4班刘小红
22	0121420	陈家洛	男	3班	96.0	01/10/21	98	陈	3班陈家洛
23									
24									
25									

语文　数学　英语　⊕

图 3-20 "语文"工作表效果图

图 3-21 "数学"工作表效果图

实验步骤

1. 清除"语文"工作表中的所有数据；设置 A 列的列宽为 10 磅；将图 3-22 中的所有数据输入工作表相应的单元格中，并将各列调整为最适合的列宽。

图 3-22 "语文"工作表部分数据图

具体操作步骤如下。

步骤(1)：在"语文"工作表中，单击"A"列名旁边的 ▨ 按钮，全选"语文"工作表中的所有单元格，按键盘上的"Delete"键，清除所有内容。

步骤(2)：单击合并后的 A1 单元格，输入标题"初三年段部分学生语文成绩"，按"Enter"键确认。

步骤(3)：在 A3 单元格处输入"0121401"之前，要先输入"'"，即在 A3 单元格处输入"'0121401"，将数值型数据转换为文本型数据。

步骤(4)：重复采用步骤(2)的方法，将图中其余文本输入相应的单元格中。在默认状态下，文本型数据在单元格内均左对齐显示。

步骤(5)：同时选中 A 至 G 列，单击"开始"→"单元格"组→"格式"按钮→"自动调整列宽"，将 A 至 G 列设置为最适合数据的列宽，如图 3-26 所示。

2. 图 3-19 中单元格区域(E3:E22)和(G3:G22)中的数据都是数值型数据，将这两个区域的数据输入"语文"工作表相应的单元格中。

步骤(1)：单击 E3 单元格，输入"97"，按"Enter"键确认，光标下移一个单元格。

步骤(2)：重复采用步骤(1)的方法，将图 3-19 中的数值输入相应的单元格中。在默认状态下，数值型数据在单元格中均右对齐显示。

3. 使用 Excel 的自动填充功能将 A、C 和 D 列的数据填充完整。

步骤(1)：单击 A3 单元格，拖动填充柄至 A22 处，A3 单元格中的学号数值部分以 1 递增，效果如图 3-23 所示。

步骤(2)：同时选择 C3、C4、C7、C8、C11、C14、C16、C18、C20 和 C21 单元格，单击"开始"→"填充"，在弹出的下拉列表中选择"向下"，则将 C3 单元格中的"女"向下复制至其他单元格，效果如图 3-24 所示。

步骤(3)：同时选中 C5、C6、C9、C10、C12、C13、C15、C17、C19 和 C22 单元格，同步骤(2)的方法，将 C5 单元格中的"男"向下复制至其他单元格，效果如图 3-25 所示。

步骤(4)：同步骤(1)的方法，将"2 班"填充至 D4 单元格中，将"4 班"填充至 D9 单元格中，如图 3-26 所示。

步骤(5)：同步骤(2)的方法，分别将 D3、D4、D8 和 D9 单元格中的数据复制至如图所示其他单元格中，效果如图 3-27 所示。

4. 利用自动填充功能将"语文"工作表中 F3 单元格的日期以"日"递增的形式填充至 F22 单元格；清空单元格区域(F3:F22)；将 F3 单元格中的数据向下复制，至 F22 单元格为止。

步骤(1)：单击选中 F3 单元格，拖动填充柄至 F22 单元格，单元格区域(F3:F22)中的数据以"日"递增。

步骤(2)：按"Delete"键清空单元格区域(F3:F22)的数据，单击选中 F3 单元格，按住"Ctrl"键的同时拖动填充柄至 F22 单元格，即将 F3 单元格中的数据复制至其他单元格。

图 3-23 学号填充效果图	图 3-24 性别"女"填充效果图	图 3-25 性别"男"填充效果图	图 3-26 步骤(4)填充效果图	图 3-27 班级填充效果图

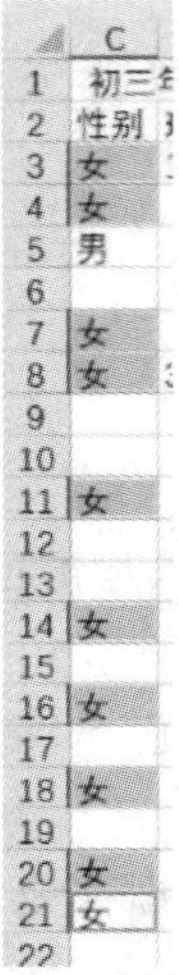

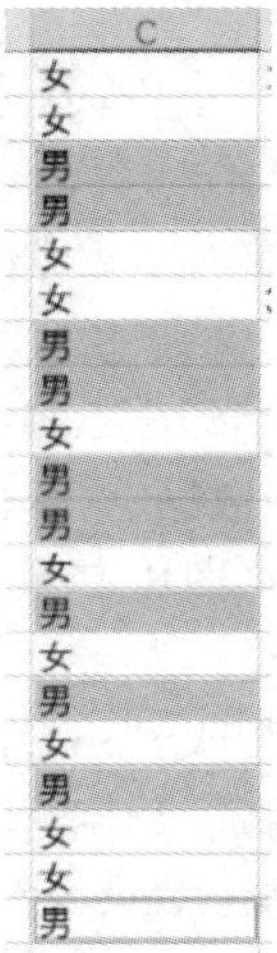

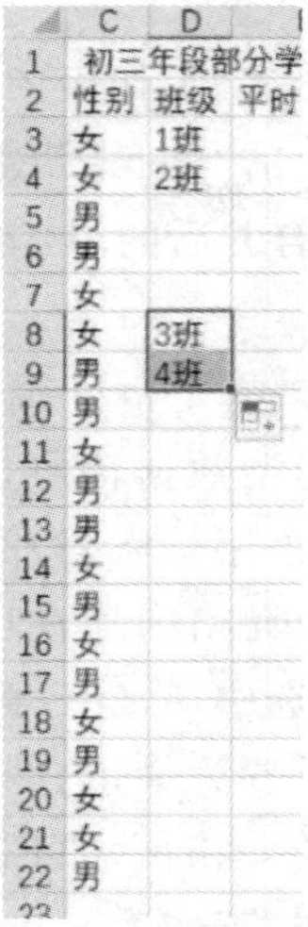

知识扩展

从 Excel 2013 开始,新增了"快速填充"功能,快捷键组合是"Ctrl+E"。有别于"自动填充",使用"快速填充",可以批量提取数据、合并或拆分数据、数据换位、添加数据等。

例如,将"学生成绩.xlsx"工作簿→"语文"工作表中的所有姓名中的姓提取出来显示于单元格区域(H3:H22)中;将班级和姓名信息合并起来,显示于单元格区域(I3:I22)中,如图 3-28 所示。

步骤(1):在 H3 单元格中输入"宋",在 I3 单元格中输入"1 班宋子丹"。

步骤(2):单击选中 H3 单元格,按"Ctrl+E"组合键,即可提取出所有姓名中的姓。

步骤(3):单击选中 I3 单元格,按"Ctrl+E"组合键,即可将所有班级和姓名内容进行合并。

图 3-28 "快速填充"效果图

5. 设置"语文"工作表中"性别"的有效序列:"男"或"女"。

步骤(1):选定"语文"工作表中的单元格区域(C3:C22),单击"数据"→"数据工具"组→

"数据验证",在弹出的下拉列表中选择"数据验证"命令,打开如图 3-29 所示的"数据验证"对话框。

图 3-29 性别有效序列

步骤(2):在"设置"→"验证条件"中的设置如图 3-29 所示。注意"来源"中的","是英文状态下的符号,单击"确定"按钮,即可设置性别的有效范围。此时,任选其中一个性别单元格,如 C3,在 C3 右边将出现下拉按钮,单击按钮弹出下拉列表,如图 3-30 所示。

6. 成绩数值的有效范围是 0～100。

步骤:单击选中 E3 单元格,采用同上步骤,打开如图所示的"数据验证"对话框。在"设置"→"验证条件"中的设置如图 3-31 所示。

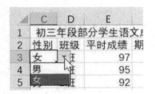

图 3-30 "数据验证"有效序列对话框

图 3-31 "数据序列"有效范围对话框

如果将 E3 单元格中的数据改为"－9",则弹出"Microsoft Excel"警告框。

7. 将"源资料\课本案例\3.2\数学 . txt"文本文档导入"数学"工作表中;打开"数学. txt"文件,将宋子丹期末成绩修改为"95";刷新"数学"工作表中的数据,观察变化情况;取消导入表格的外部链接,转换为普通单元格区域数据;采用同方法将"英语.csv"文件导入"英语"工作表中。

步骤(1):单击"数学"工作表标签,打开"数学"工作表。

步骤(2):单击"数据"→"获取和转换数据"组→"从文本/CSV",弹出"导入数据"对话框,在对话框中选择"数学.txt",单击"导入"按钮。

步骤(3):打开如图 3-32 所示对话框,确认导入的数据分隔符是否正确,如果不正确,可以在"分隔符"的下拉列表中选择其他的分隔符。

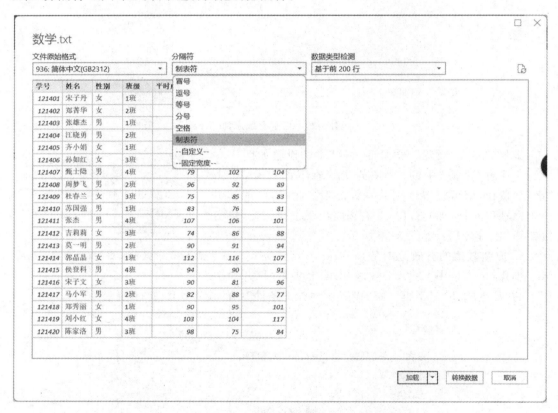

图 3-32 "数学.txt"对话框

步骤(4):单击"加载"旁边的下拉按钮,在弹出的下拉列表中选择"加载到…"命令,弹出"导入数据"对话框,如图 3-33 所示。在对话框"数据的放置位置"→"现有工作表"的文本框中,鼠标单击"数学"工作表中的"A1"单元格,然后单击"确定"按钮,即可将"数学 . txt"文件中的数据导入"数学"工作表中,如图 3-34 所示。Excel 对行进行颜色区分以使每一行都易于阅读。

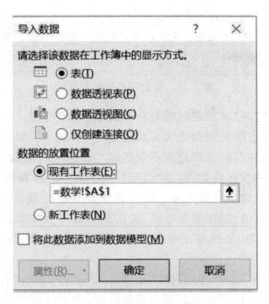

图 3-33 "导入数据"对话框

	A	B	C	D	E	F	G
1	学号	姓名	性别	班级	平时成绩	期中成绩	期末成绩
2	121401	宋子丹	女	1班	85	88	95
3	121402	郑菁华	女	2班	116	102	117
4	121403	张雄杰	男	1班	113	99	100
5	121404	江晓勇	男	2班	99	89	96
6	121405	齐小娟	女	1班	100	112	113
7	121406	孙如红	女	3班	113	105	99
8	121407	甄士隐	男	4班	79	102	104
9	121408	周梦飞	男	2班	96	92	89
10	121409	杜春兰	女	3班	75	85	83
11	121410	苏国强	男	1班	83	76	81
12	121411	张杰	男	4班	107	106	101
13	121412	吉莉莉	女	3班	74	86	88
14	121413	莫一明	男	2班	90	91	94
15	121414	郭晶晶	女	1班	112	116	107
16	121415	侯登科	男	4班	94	90	91
17	121416	宋子文	女	3班	90	81	96
18	121417	马小军	男	2班	82	88	77
19	121418	郑秀丽	女	1班	90	95	101
20	121419	刘小红	女	4班	103	104	117
21	121420	陈家洛	男	3班	98	75	84
22							

语文 **数学** 英语 ⊕

图 3-34 导入数据后的"数学"工作表

步骤(5):打开"数学.txt"文件,将宋子丹期末成绩改为"95",保存,关闭文件。单击"数学"工作表中的"设计"→"外部表数据"组→"刷新",即可同步更新工作表中的数据,如图 3-35 所示。

	A	B	C	D	E	F	G
1	学号 ▼	姓名 ▼	性别 ▼	班级 ▼	平时成绩 ▼	期中成绩 ▼	期末成绩 ▼
2	121401	宋子丹	女	1班	85	88	95
3	121402	郑菁华	女	2班	116	102	117

图 3-35　数据刷新后的效果图

步骤(6)：单击"设计"→"外部表数据"组→"取消链接"，弹出"Microsoft Excel"提示框，提示"这将永久删除工作表中的查询定义。是否继续？"，单击"确定"按钮，即可取消导入的数据与外部数据的链接，外部数据的更新不会影响工作表中的数据。

步骤(7)：选中导入的所有数据，单击"设计"→"工具"组→"转换为区域"，将导入的数据表格转换为"数学"工作表的单元格区域。最终效果如图 3-21 所示。

根据上述步骤，在"英语"工作表中导入"英语.csv"文件中的数据。

8. 设置"语文"工作表中的所有平时成绩数据保留 1 位小数；设置所有期末考试时间数据的格式为"03/14/12"。

步骤(1)：切换至"语文"工作表，选择单元格区域(E3:E22)，在右键快捷菜单中选择"设置单元格格式"命令，弹出"设置单元格格式"对话框，如图 3-36 所示。选择"数字"标签→"分类"→"数值"，将右边"小数位数"改为"1"，单击"确定"按钮，即可将"语文"工作表中的所有平时成绩数据保留 1 位小数。

图 3-36　"设置单元格格式"对话框

步骤(2)：选择单元格区域(F3:F22)，同步骤(1)打开"设置单元格格式"对话框，在对话框中修改日期格式；效果如图 3-37 所示。

	C	D	E	F	
1	初三年段部分学生语文成绩				
2	性别	班级	平时成绩	期末考试时间	期末
3	女	1班	97.0	01/10/21	
4	女	2班	95.0	01/10/21	
5	男	1班	92.0	01/10/21	
6	男	2班	87.0	01/10/21	
7	女	1班	77.0	01/10/21	
8	女	3班	91.0	01/10/21	
9	男	4班	88.0	01/10/21	
10	男	2班	75.0	01/10/21	
11	女	3班	80.0	01/10/21	
12	男	1班	71.0	01/10/21	
13	男	4班	88.0	01/10/21	
14	女	3班	77.0	01/10/21	
15	男	2班	98.0	01/10/21	
16	女	1班	88.0	01/10/21	
17	男	4班	76.0	01/10/21	
18	女	3班	98.0	01/10/21	
19	男	2班	95.0	01/10/21	
20	女	1班	99.0	01/10/21	
21	女	4班	88.0	01/10/21	
22	男	3班	96.0	01/10/21	
23					

图 3-37　效果图

实验拓展

1. 将图 3-38 中的数据输入 3.1 练习后的工作簿“2020 级法律专业期末成绩单.xlsx”→“法律 1 班”工作表中(注意:输入数据前要撤销对工作表的保护)。

	A	B	C	D	E	F	G	H
1	2020级法律专业一班期末成绩单							
2	学号	姓名	性别	出生日期	是否党员	英语	近代史	法制史
3	01201001	潘志阳	男	02/03/00	是	76.10	75.80	87.90
4	01201002	焦宝亮	男	03/05/01	否	82.70	80.80	93.20
5	01201003	陈称意	女	01/06/00	是	75.70	74.40	87.30
6	01201004	乔泽宇	男	04/14/99	否	86.30	80.80	86.60
7	01201005	盛雅	女	06/24/01	否	87.60	87.20	92.60
8	01201006	郭梦月	女	05/18/00	否	82.40	84.40	86.30
9	01201007	李帅帅	男	05/19/01	否	82.00	80.00	82.60
10	01201008	于慧霞	女	08/11/00	是	78.20	75.90	91.30
11	01201009	钱超群	男	10/22/00	否	75.40	71.70	88.60
12	01201010	王圣斌	男	11/26/00	否	76.80	80.10	83.60
13	01201011	高琳	女	09/11/01	否	91.40	85.10	88.90
14	01201012	王帅	男	10/10/01	是	67.50	77.20	83.60
15								

图 3-38　“法律 1 班”工作表数据

2. 在“法律 1 班”工作表中,设置“性别”列的数据有效性为“序列:男,女”,设置“英语”“近代史”“法制史”这三列数据的有效范围(0～100)。

3. 将“源资料\练习素材\3.2”文件夹中的“法律 2 班 . txt”和“法律 3 班 . csv”分别导入“法律 2 班”和“法律 3 班”工作表中;取消链接,将插入的数据表格转换为单元格区域,并删除第 1 行,如图 3-39 和图 3-40 所示。

	A	B	C	D	E	F	G
1	2012级法律专业二班期末成绩单						
2	学号	姓名	性别	出生日期	英语	近代史	法制史
3	01202001	朱朝阳	男	2000/1/5	84.4	80	88.6
4	01202002	娄欣	女	2000/12/14	87.9	87.9	91.6
5	01202003	李靖	女	2001/3/6	88.8	75.9	84.6
6	01202004	员江涛	男	2000/5/18	79.9	71	81.6
7	01202005	任禹豪	男	2001/11/19	79.9	91.5	84.3
8	01202006	高小满	女	2000/12/25	78.8	74.5	86.3
9	01202007	姚祥	男	1999/7/9	83.7	83.7	83.6
10	01202008	万海望	男	2000/9/26	75.4	75.9	79.2
11	01202009	王乐乐	女	1999/8/20	84.4	83.7	87.3
12	01202010	吉海孟	男	2001/9/20	87.9	73	88.6
13	01202011	李雪燕	女	2000/7/3	89.9	88.6	89.6
14	01202012	陈仲鑫	男	2000/4/14	72.1	75.9	90.9
15							

图 3-39 "法律 2 班"工作表效果图

	A	B	C	D	E	F	G
1	2012级法律专业三班期末成绩单						
2	学号	姓名	性别	出生日期	英语	近代史	法制史
3	01203001	李孟亚	女	2001/2/9	78.3	71.6	85
4	01203002	张钟英	女	2001/4/29	81.7	79.4	86.2
5	01203003	张盼光	男	2000/1/21	82	75.2	83.1
6	01203013	冯泽媛	女	2000/4/19	87.6	85.8	95.2
7	01203014	王源源	女	1999/8/20	76.9	78.7	85.5
8	01203019	刘旭	女	2001/5/19	84.8	84.4	95.1
9	01203020	张晓平	男	2001/4/18	82.8	72.4	81.4
10	01203021	王洁	女	2000/7/3	77.2	73.1	82.9
11	01203022	王颖	女	2000/6/18	77.2	80.1	72.5
12	01203023	路俊俊	男	2001/9/3	91.4	83.8	72.1
13	01203024	王娜	女	2001/7/13	82.4	78.7	86.6
14	01203025	马杰	男	2000/8/29	52.2	74.8	69.5
15							

图 3-40 "法律 3 班"工作表效果图

4. 将"法律 1 班"工作表单元格区域(F3：H14)的数据保留 2 位小数；设置(D3：D14)日期格式为"03/14/12"。

实验 3-3 格式化 Excel 工作表

实验目的

1. 掌握设置单元格格式的方法；

2. 掌握设置工作表数据的条件格式；

3. 掌握管理及删除单元格的条件格式。

实验内容

1. 设置"学生成绩.xlsx"中的"语文"工作表的单元格格式：标题格式为黑体、20 号、加粗、蓝色；A1～I1 合并居中；合并后的 A1 单元格黄色背景、12.5％灰色图案样式，图案颜色为蓝色；为单元格区域（A2：I22）设置蓝色粗外边框线，浅蓝色细内边框线；最后自动调整 A～I 列的列宽。

2. 使用主题单元格样式"蓝色，着色 4"设置"语文"工作表中（A2：I2）单元格区域的格式。

3. 套用内置表格格式"中等色"中的"蓝色，表样式中等深浅 9"表格格式来美化单元格区域（A2：I22）；最后清除应用的表格样式，取消表格样式。

4. 在"语文"工作表中，以"浅红填充色深红色文本"突出显示"班级"为"4 班"的数据；"平时成绩"小于 80 的单元格，背景色为黄色；"平时成绩"前三名的单元格，用底纹图案样式为 12.5％填充。

5. 删除单元格区域（D3：D22）的条件格式。

最终效果如图 3-41 所示。

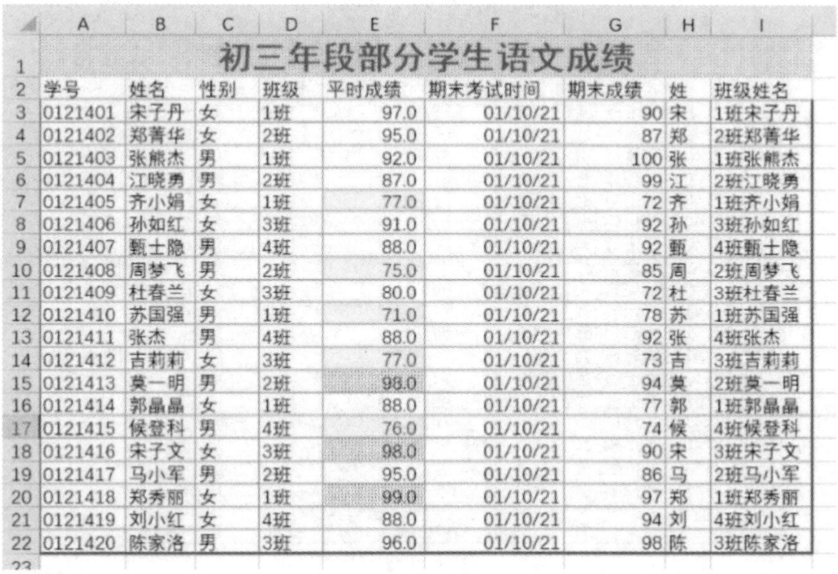

图 3-41 实验 3-3 完成后效果图

实验步骤

1. 设置"学生成绩.xlsx"中的"语文"工作表的单元格格式：标题格式为黑体、20 号、加粗、蓝色；A1～I1 合并居中；合并后的 A1 单元格格式为黄色背景、12.5％灰色图案样式，图案颜色为蓝色；为单元格区域（A2：I22）设置蓝色粗外边框线，浅蓝色细内边框线；最后自动调整 A～I 列的列宽。

具体操作步骤如下：

步骤（1）：右键单击标题所在的 A1 单元格，在弹出的快捷菜单中选择"设置单元格格式"，打开"设置单元格格式"对话框，单击"字体"标签，设置标题的字体、字形和颜色。

步骤（2）：拖动鼠标同时选中 A1～I1 单元格，从右键快捷菜单中打开"设置单元格格式"对话框,单击"对齐"标签,设置"文本对齐方式"及选择"合并后居中",即可合并及居中 A1~I1 单元格。

步骤(3):单击切换至"填充"标签,在对话框左边"背景色"区域选择黄色,右边"图案颜色"选择蓝色,"图案样式"选择第 1 行第 5 列样式,单击"确定"按钮后,即可将合并后的 A1 单元格填充背景色及图案。

步骤(4):拖动鼠标同时选中单元格区域(A2:I22),在右键快捷菜单中打开"设置单元格格式"对话框,单击切换至"边框"标签,在"直线"区域选择"样式"粗线,"颜色"蓝色,在"预置"区域选择"外边框",即可为单元格区域设置蓝色粗外边框线;在"直线"区域选择"样式"细线,"颜色"浅蓝色,在"预置"区域选择"内部",即可为单元格区域设置浅蓝色细内边框线。

步骤(5):将 A~I 列调整为最适合的列宽。最终效果如图 3-42 所示。

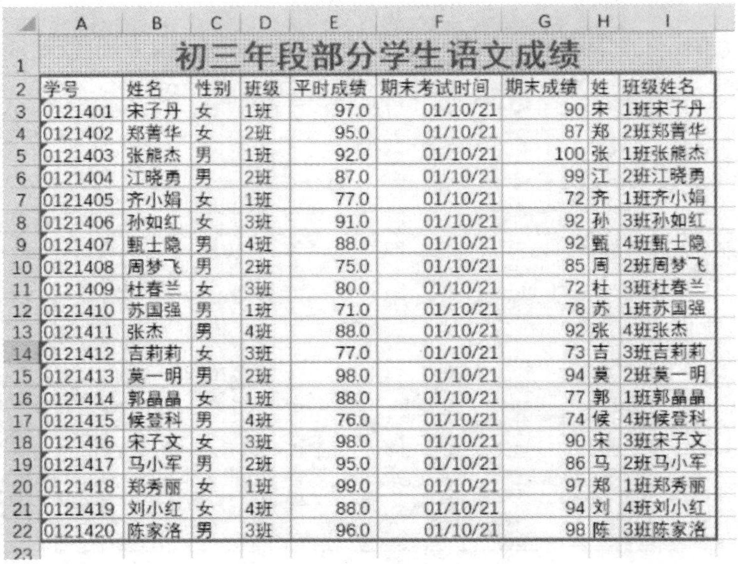

学号	姓名	性别	班级	平时成绩	期末考试时间	期末成绩	姓	班级姓名
0121401	宋子丹	女	1班	97.0	01/10/21	90	宋	1班宋子丹
0121402	郑菁华	女	2班	95.0	01/10/21	87	郑	2班郑菁华
0121403	张熊杰	男	1班	92.0	01/10/21	100	张	1班张熊杰
0121404	江晓勇	男	2班	87.0	01/10/21	99	江	2班江晓勇
0121405	齐小娟	女	1班	77.0	01/10/21	72	齐	1班齐小娟
0121406	孙如红	女	3班	91.0	01/10/21	92	孙	3班孙如红
0121407	甄士隐	男	4班	88.0	01/10/21	92	甄	4班甄士隐
0121408	周梦飞	男	2班	75.0	01/10/21	85	周	2班周梦飞
0121409	杜春兰	女	3班	80.0	01/10/21	72	杜	3班杜春兰
0121410	苏国强	男	1班	71.0	01/10/21	78	苏	1班苏国强
0121411	张杰	男	4班	88.0	01/10/21	92	张	4班张杰
0121412	吉莉莉	女	3班	77.0	01/10/21	73	吉	3班吉莉莉
0121413	莫一明	男	2班	98.0	01/10/21	94	莫	2班莫一明
0121414	郭晶晶	女	1班	88.0	01/10/21	77	郭	1班郭晶晶
0121415	侯登科	男	4班	76.0	01/10/21	74	侯	4班侯登科
0121416	宋子文	男	3班	98.0	01/10/21	90	宋	3班宋子文
0121417	马小军	男	2班	95.0	01/10/21	86	马	2班马小军
0121418	郑秀丽	女	1班	99.0	01/10/21	97	郑	1班郑秀丽
0121419	刘小红	女	4班	88.0	01/10/21	94	刘	4班刘小红
0121420	陈家洛	男	3班	96.0	01/10/21	98	陈	3班陈家洛

初三年段部分学生语文成绩

图 3-42 单元格格式设置效果图

2. 使用主题单元格样式"蓝色,着色 5"设置"语文"工作表中(A2:I2)单元格区域的格式。

具体操作步骤如下:

步骤:拖动鼠标同时选中 A2~I2 单元格,单击"开始"→"样式"组→"单元格样式",在弹出的下拉列表中选择"主题单元格样式"→"蓝色,着色 5",如图 3-43 所示。

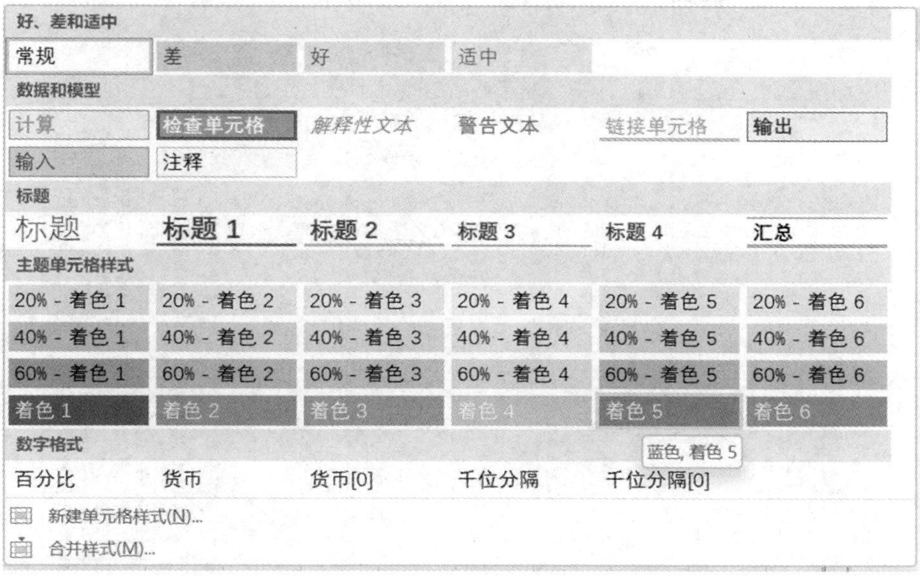

图 3-43　"单元格样式"列表

3. 套用内置表格格式"中等色"中的"蓝色,表样式中等深浅 9"表格格式来美化单元格区域(A2:I22);最后清除应用的表格样式,取消表格样式,如图 3-44 所示。

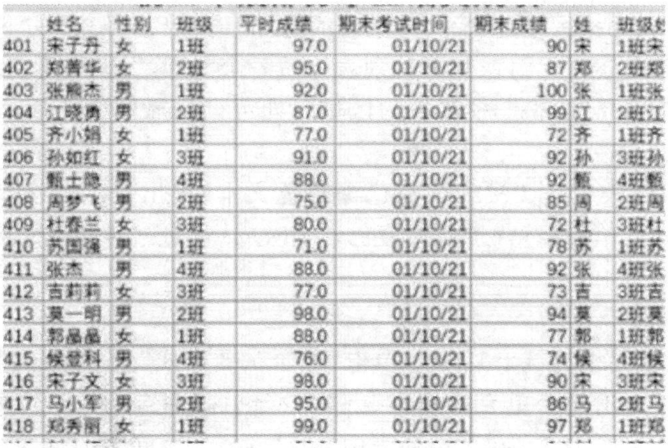

图 3-44　取消表格样式后的效果图

具体操作步骤如下。

步骤(1):拖动鼠标,选中单元格区域(A2:I22),单击"开始"→"样式"组→"套用表格格式",在弹出的下拉列表中选择"中等色"→"蓝色,表样式中等深浅 9",即可完成表格格式的套用,如图 3-45 所示。

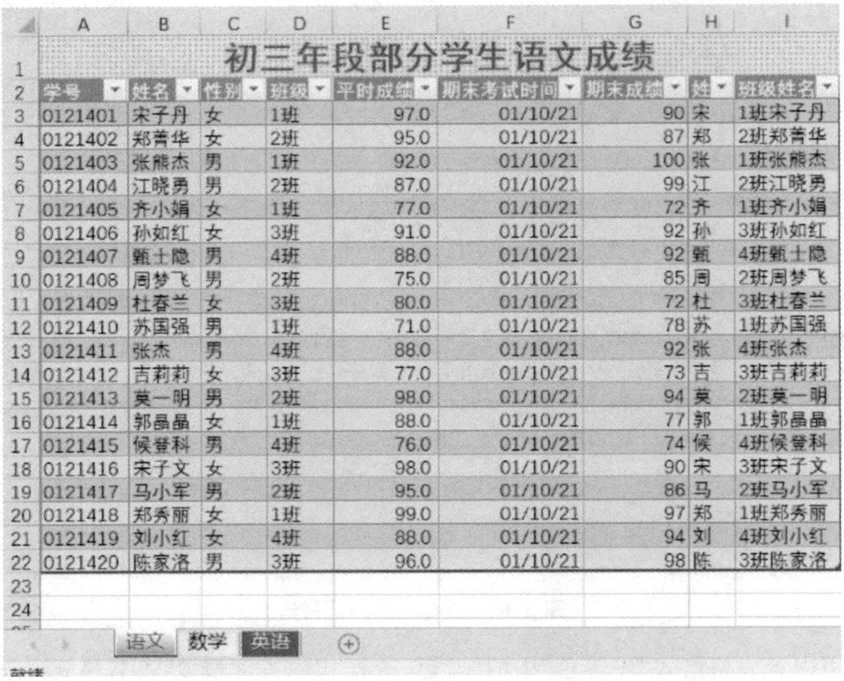

图 3-45　套用表格格式后的效果图

步骤(2)：选择单元格区域(A2:I22)，单击"设计"→"表格样式"的下拉按钮，在弹出的下拉列表中选择"浅色"→"无"，或是下拉列表最后一个"清除"选项，即可清除应用的表格样式，在右键快捷菜单选择"表格"→"转换为区域"，即可彻底撤销套用表格格式，恢复至如图3-44所示的单元格区域。

4. 在"语文"工作表中，以"浅红填充色深红色文本"突出显示"班级"为"4 班"的数据；"平时成绩"小于 80 的单元格，背景色为黄色；"平时成绩"前三名的单元格，用底纹图案样式为 12.5% 填充。

具体操作步骤如下。

步骤(1)：选定单元格区域 D3:D22，单击"开始"→"样式"组→"条件格式"按钮，在弹出的下拉列表中选择"突出显示单元格规则"→"文本包含"命令，弹出"文本中包含"对话框。在文本框中输入"4 班"，"设置为"下拉列表中选择"浅红填充色深红色文本"，单击"确定"按钮，即可突出显示班级为"4 班"的数据，效果如图3-46所示。

步骤(2)：选定单元格区域 E3:E22，单击"开始"→"样式"组→"条件格式"按钮，在弹出的下拉列表中选择"突出显示单元格规则"→"小于"命令，弹出"小于"对话框。在文本框中输入"80"，在"设置为"下拉列表中选择"自定义格式"，如图3-47所示。弹出"设置单元格格式"对话框，在"填充"标签下选择"背景色"→"黄色"，单击"确定"按钮后，即可将"平时成绩"小于 80 的单元格背景色设置为黄色。

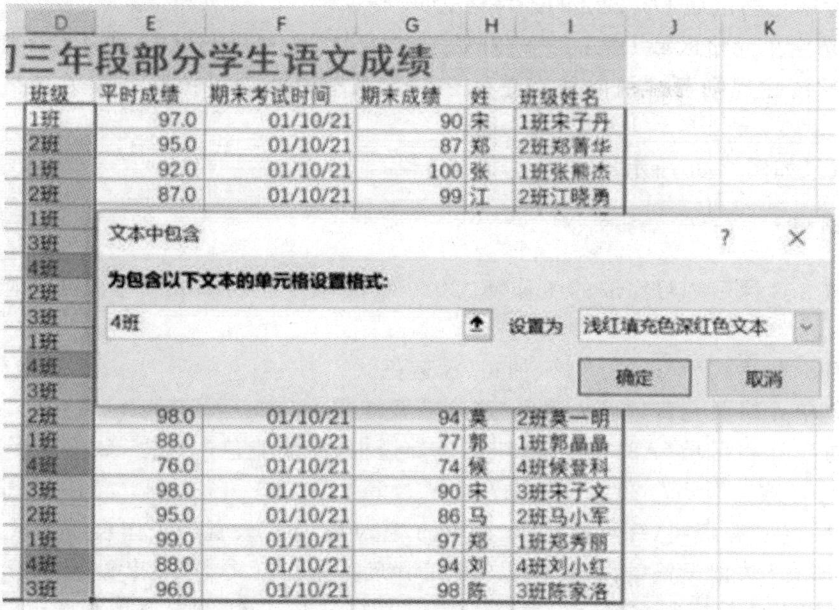

图 3-46　突出显示"4 班"效果图

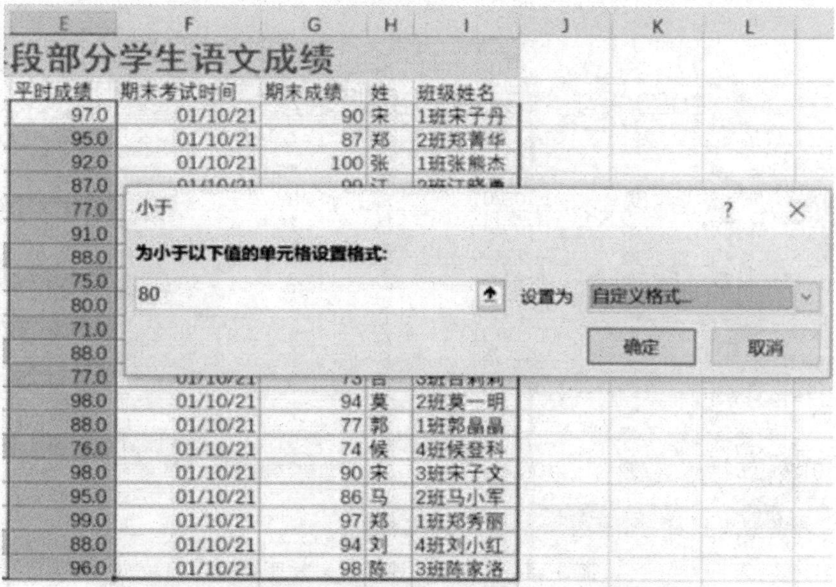

图 3-47　突出显示"平时成绩"小于 80 的数据

　　步骤（3）：选定单元格区域 E3：E22，单击"开始"→"样式"组→"条件格式"按钮，在弹出的下拉列表中选择"最前/最后规则"→"前 10 项"命令，打开"前 10 项"对话框。将文本框中的"10"改为"3"，在"设置为"下拉列表中选择"自定义格式"。弹出"设置单元格格式"对话框，在"填充"标签下选择"图案样式"→"12.5％灰色"，点击"确定"按钮后，即可将"平时成绩"前三名的单元格，用底纹图案样式为 12.5％填充。

5. 删除单元格区域 D3:D22 的条件格式。

步骤:选定单元格区域 D3:D22→"开始"→"样式"组→"条件格式"按钮,在弹出的下拉列表中选择"清除规则"→"清除所选单元格的规则"选项,即可清除该单元格区域的条件格式。

最终效果如图 3-41 所示。

实验拓展

1. 设置 3.2 课后练习完成的工作簿"2020 级法律专业期末成绩单.xlsx"中的"法律 1 班"工作表。

2. 设置标题格式为黑体、18 磅、加粗、深蓝色。

3. 标题单元格填充背景色为黄色,底纹图案样式 12.5%、深蓝色。

4. 设置单元格区域(A2:H14)双线蓝色外边框,单线蓝色内边框,数据水平居中、垂直居中,单元格样式为"浅黄,20%-着色 3"。

5. 将文件夹"源资料\练习资料\3.3"中的"flower.jpg"设置为工作表的背景。

6. 为"英语"数据设置条件格式:以"浅红填充色深红色文本"突出显示小于 70 分的数据;为 90 分以上的数据所在单元格填充图案样式 12.5%灰色,图案颜色为蓝色。

7. 为"近代史"前三名数据所在单元格填充蓝色背景色。

最终效果如图 3-48 所示。

	学号	姓名	性别	出生日期	是否党员	英语	近代史	法制史
1	2020级法律专业一班期末成绩单							
2	学号	姓名	性别	出生日期	是否党员	英语	近代史	法制史
3	01201001	潘志阳	男	02/03/00	是	76.10	75.80	87.90
4	01201002	焦宝亮	男	03/05/01	否	82.70	80.80	93.20
5	01201003	陈称意	女	01/06/00	是	75.70	74.40	87.30
6	01201004	乔泽宇	男	04/14/99	否	86.30	80.80	86.60
7	01201005	盛雅	女	06/24/01	否	87.60	87.20	92.60
8	01201006	郭梦月	女	05/18/00	否	82.40	84.40	86.30
9	01201007	李帅帅	男	05/19/01	否	82.00	80.00	82.60
10	01201008	于慧霞	女	08/11/00	是	78.20	75.90	91.30
11	01201009	钱超群	男	10/22/00	否	75.40	71.70	88.60
12	01201010	王圣斌	男	11/26/00	否	76.80	80.10	83.60
13	01201011	高琳	女	09/11/01	否	91.40	85.10	88.90
14	01201012	王帅	男	10/10/01	是	67.50	77.20	83.60

法律1班 法律2班 法律3班 ⊕

图 3-48　实验 3-3 课后练习效果图

实验 3-4　公式与函数的应用

实验目的

1. 掌握区别相对引用、绝对引用和混合引用的方法；
2. 掌握用公式统计数据的方法；
3. 掌握用 SUM、AVERAGE、IF、MAX、MIN、IFS、COUNT、COUNTIF、SUMIF、RANK、VLOOKUP 等函数统计数据的方法。

实验内容

1. 在 3.3 节完成的工作簿"学生成绩.xlsx"→"语文"工作表中，J2 单元格输入"综合测评"，在单元格区域(J3:J22)中利用公式"综合测评＝平时成绩 * 60％＋期末成绩 * 40％"，计算每个学生的语文"综合测评"。

2. 清除上例中单元格区域(J3:J22)中的数据；分别在单元格 K2 和 L2 中输入"平时比例"和"期末比例"；在单元格 K3 和 L3 中分别输入"60％"和"40％"；在(J3:J22)区域根据公式"综合测评＝平时成绩 * 平时比例＋期末成绩 * 期末比例"计算每位学生的综合测评。

3. 清除"语文"工作表中 J、K、L 三列数据；在 J2 单元格中输入"总和"；在单元格区域(J3:J22)中用 SUM 函数求出每位学生平时成绩与期末成绩总和。

4. 在"语文"工作表的 K2 单元格中输入"平均分"，在单元格区域(K3:K22)中用 AVERAGE 函数求出每位学生平时成绩与期末成绩的平均分，结果保留 1 位小数。

5. 在"语文"工作表的 L2 单元格中输入"统计人数"，在单元格 L3 中用 COUNT 函数统计总人数。

6. 分别在"语文"工作表的 L5 和 L8 单元格中输入"最高分"和"最低分"；在单元格 L6 中用 MAX 函数求出期末成绩最高分；在单元格 L9 中用 MIN 函数求出期末成绩最低分。

7. 在"语文"工作表的 M2 单元格中输入"均值取整"；在单元格区域(M3:M22)中用 INT 函数求出平均分的整数部分。

8. 在"语文"工作表的 N2 单元格中输入"评级"；在单元格区域(N3:N22)中用 IF 函数对每位学生的期末成绩进行评级，90 分以上的评为"优秀"，否则为"合格"。

9. 在"语文"工作表的 O2 单元格中输入"等级"；在单元格区域(O3:O22)中用 IFS 函数对每位学生的期末成绩进行评级，90 分以上评为"优"，80～90 分评为"良"，70～80 分评为"中"，70 分以下评为"差"。

10. 在"语文"工作表的 L11 单元格中输入"优秀人数"，在单元格 L12 中用 COUNTIF 函数统计优秀人数。

11. 在"语文"工作表的 L14 单元格中输入"1 班总分"，在单元格 L15 中用 SUMIF 函数统计 1 班期末总成绩。

12. 在"语文"工作表的 P2 单元格中输入"排名"，在单元格区域(P3:P22)中用 RANK 函数对每位学生的期末成绩进行降序排名。

13. 在"英语"工作表后面新建一张工作表"期末成绩单",将"..\源资料\课本案例\3.4\成绩单.csv"导入新工作表中;用 VLOOKUP 函数在"期末成绩单"中查找到每位学生的数学成绩,填充到"数学"工作表的(G2:G21)单元格区域中;用 VLOOKUP 函数在"期末成绩单"中查找到每位学生的英语成绩,填充到"英语"工作表的(G2:G21)单元格区域中。

实验步骤

1. 在 3.3 节完成的工作簿"学生成绩.xlsx"→"语文"工作表中,J2 单元格输入"综合测评",在单元格区域(J3:J22)中利用公式"综合测评=平时成绩 * 60%+期末成绩 * 40%",计算每个学生的语文"综合测评"。

具体操作步骤如下。

步骤(1):单击 J2 单元格,输入"综合测评",按"Enter"键确认。

步骤(2):单击 J3 单元格,输入"="号,单击 E3 单元格,E3 单元格会被框选起来,同时单元格引用"E3"会出现在单元格 J3 和编辑栏中。

步骤(3):继续输入"60%+",单击单元格 G3,再输入" * 40%"。

步骤(4):按"Enter"键确认后,Excel 即可根据公式得出计算结果。

步骤(5):将鼠标光标移至右下角填充柄,当光标变为"+"时向下拖曳至 J22 单元格,即可计算出各个学生的 "综合测评"结果,如图 3-49 所示。

J3			✕	✓	fx	=E3*60%+G3*40%			
	A	B	C	D	E	F	G	H	I	J
2	学号	姓名	性别	班级	平时成绩	期末考试时间	期末成绩	姓	班级姓名	综合测评
3	0121401	宋子丹	女	1班	97.0	01/10/21	90	宋	1班宋子丹	94.2
4	0121402	郑菁华	女	2班	95.0	01/10/21	87	郑	2班郑菁华	91.8
5	0121403	张熊杰	男	1班	92.0	01/10/21	100	张	1班张熊杰	95.2
6	0121404	江晓勇	男	2班	87.0	01/10/21	99	江	2班江晓勇	91.8
7	0121405	齐小娟	女	1班	77.0	01/10/21	72	齐	1班齐小娟	75.0
8	0121406	孙如红	女	3班	91.0	01/10/21	92	孙	3班孙如红	91.4
9	0121407	甄士隐	男	4班	88.0	01/10/21	92	甄	4班甄士隐	89.6
10	0121408	周梦飞	男	2班	75.0	01/10/21	85	周	2班周梦飞	79.0
11	0121409	杜春兰	女	3班	80.0	01/10/21	72	杜	3班杜春兰	76.8
12	0121410	苏国强	男	1班	71.0	01/10/21	78	苏	1班苏国强	73.8
13	0121411	张杰	男	4班	88.0	01/10/21	92	张	4班张杰	89.6
14	0121412	吉莉莉	女	3班	77.0	01/10/21	73	吉	3班吉莉莉	75.4
15	0121413	莫一明	男	2班	98.0	01/10/21	94	莫	2班莫一明	96.4
16	0121414	郑晶晶	女	1班	88.0	01/10/21	77	郑	1班郑晶晶	83.6
17	0121415	侯登科	男	4班	76.0	01/10/21	74	侯	4班侯登科	75.2
18	0121416	宋子文	女	3班	98.0	01/10/21	90	宋	3班宋子文	94.8
19	0121417	马小军	男	2班	95.0	01/10/21	86	马	2班马小军	91.4
20	0121418	郑秀丽	女	1班	99.0	01/10/21	97	郑	1班郑秀丽	98.2
21	0121419	刘小红	女	4班	88.0	01/10/21	94	刘	4班刘小红	90.4
22	0121420	陈家洛	男	3班	96.0	01/10/21	98	陈	3班陈家洛	96.8

图 3-49　公式中的相对引用

J3 单元格中的公式"=E3 * 60%+G3 * 40%",公式中的 E3 和 G3 都是相对引用。将公式自动填充到 J4 单元格后,公式自动调整为"=E4 * 60%+G4 * 40%"。

2. 清除上例中单元格区域(J3:J22)中的数据;分别在单元格 K2 和 L2 中输入"平时比例"和"期末比例";在单元格 K3 和 L3 中分别输入"60%"和"40%";在(J3:J22)区域根据公

式"综合测评＝平时成绩＊平时比例＋期末成绩＊期末比例"计算每位学生的综合测评。

具体操作步骤如下：

步骤（1）：选中区域（J3：J22），按"Delete"键清除原有数据。

步骤（2）：分别在单元格 K2 和 L2 中输入"平时比例"和"期末比例"，在单元格 K3 和 L3 中分别输入"60％"和"40％"。

步骤（3）：在 J3 单元格中按照上例的步骤完成公式"＝E3＊K3＋G3＊L3"，并将公式中的"K3"改为"＄K＄3"，"L3"改为"＄L＄3"。

步骤（4）：向下拖曳 J3 单元格右下角的填充柄至 J22 单元格，即可计算所有学生的综合测评，如图 3-50 所示。

f_x	=E3*\$K\$3+G3*\$L\$3						
E	F	G	H	I	J	K	L
平时成绩	期末考试时间	期末成绩	姓	班级姓名	综合测评	平时比例	期末比例
97.0	01/10/21	90	宋	1班宋子丹	94.2	60%	40%
95.0	01/10/21	87	郑	2班郑菁华	91.8		
92.0	01/10/21	100	张	1班张熊杰	95.2		
87.0	01/10/21	99	江	2班江晓勇	91.8		
77.0	01/10/21	72	齐	1班齐小娟	75.0		
91.0	01/10/21	92	孙	3班孙如红	91.4		
88.0	01/10/21	92	甄	4班甄士隐	89.6		
75.0	01/10/21	85	周	2班周梦飞	79.0		
80.0	01/10/21	72	杜	3班杜春兰	76.8		
71.0	01/10/21	78	苏	1班苏国强	73.8		
88.0	01/10/21	92	张	4班张杰	89.6		
77.0	01/10/21	73	吉	3班吉莉莉	75.4		
98.0	01/10/21	94	莫	2班莫一明	96.4		
88.0	01/10/21	77	郭	1班郭晶晶	83.6		
76.0	01/10/21	74	候	4班候登科	75.2		
98.0	01/10/21	90	宋	3班宋子文	94.8		
95.0	01/10/21	86	马	2班马小军	91.4		
99.0	01/10/21	97	郑	1班郑秀丽	98.2		
88.0	01/10/21	94	刘	4班刘小红	90.4		
96.0	01/10/21	98	陈	3班陈家洛	96.8		

图 3-50　所有学生的综合测评

知识扩展

在编辑栏或单元格中输入单元格地址后，可以按"F4"键来切换"相对引用"、"绝对引用"和"混合引用"3 种状态。

3. 清除"语文"工作表中 J、K、L 三列数据；在 J2 单元格中输入"总和"；在单元格区域（J3：J22）中用 SUM 函数求出每位学生平时成绩与期末成绩总和。

具体操作步骤如下：

步骤（1）：清除"语文"工作表中 J、K、L 三列数据，单击 J2 单元格，输入"总和"。

步骤（2）：单击选中 J3 单元格。

步骤（3）：单击"公式"→"自动求和"按钮，在下拉列表中选择"求和"命令，即可在 J3 单元格中插入 SUM 函数。

步骤（4）：单击选中 E3 单元格，按住"Ctrl"键不放，单击 G3 单元格，将 SUM 函数中的参数改为"E3,G3",如图 3-51 所示。

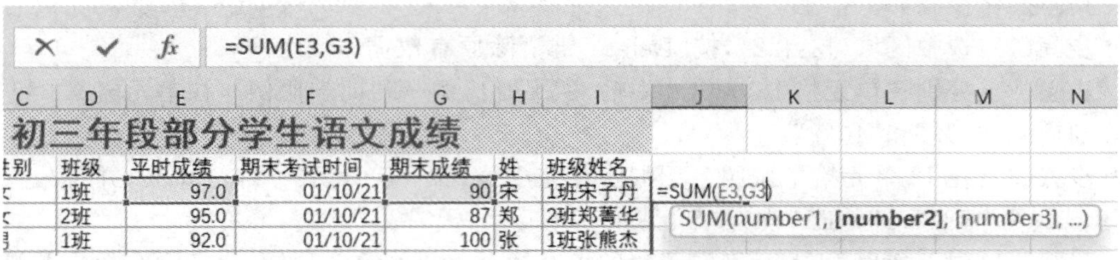

图 3-51　SUM 参数设置

步骤(5):按"Enter"键确认后,得出计算结果。

步骤(6):单击选中 J3 单元格,拖曳右下角的填充柄,向下填充至 J22 单元格,即可计算出所有学生的成绩总和,如图 3-52 所示。

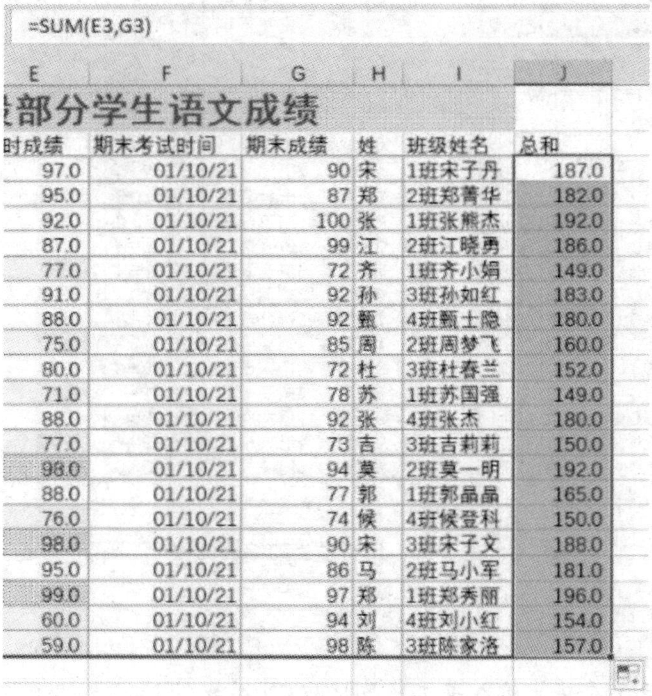

图 3-52　所有成绩综合

4. 在"语文"工作表的 K2 单元格中输入"平均分",在单元格区域(K3:K22)中用 AVERAGE 函数求出每位学生平时成绩与期末成绩的平均分,结果保留 1 位小数。

具体操作步骤如下:

步骤(1):单击 K2 单元格,输入"平均分"。

步骤(2):单击选中 K3 单元格。

步骤(3):同 SUM 函数应用中的步骤(3),单击"自动求和"按钮,在下拉列表中选择"平均值"命令,即可在 K3 单元格中插入 AVERAGE 函数。

步骤(4):同 SUM 函数应用中的步骤(4)~(6)中的方法,计算出所有学生平时成绩与期末成绩的平均分,并在"设置单元格格式"→"数字"→"数值"中为计算结果保留 1 位小数。如图 3-53 所示。

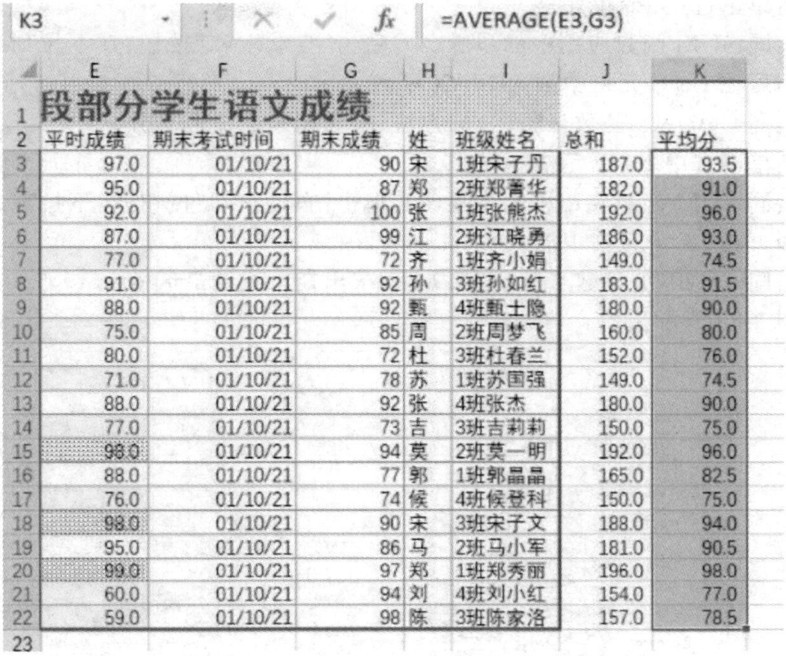

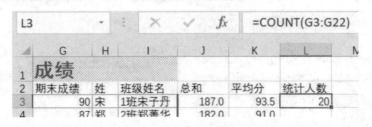

图 3-53　AVERAGE 函数计算结果

5. 在"语文"工作表的 L2 单元格中输入"统计人数",在单元格 L3 中用 COUNT 函数统计总人数。

具体操作步骤如下:

步骤(1):单击 L2 单元格,输入"统计人数"。

步骤(2):单击选中 L3 单元格。

步骤(3):同 SUM 函数应用中的步骤(3),单击"自动求和"按钮,在下拉列表中选择"计数"命令,即可在 L3 单元格中插入 COUNT 函数。

步骤(4):拖曳鼠标同时选中单元格区域(G3:G22),将 COUNT 函数的参数改为 G3:G22,按"Enter"键即可得出计算结果,如图 3-54 所示。

图 3-54　COUNT 函数计算结果

6. 分别在"语文"工作表的 L5 和 L8 单元格中输入"最高分"和"最低分";在单元格 L6 中用 MAX 函数求出期末成绩最高分;在单元格 L9 中用 MIN 函数求出期末成绩最低分。

具体操作步骤如下：

步骤(1)：单击 L5 单元格，输入"最高分"；单击 L8 单元格，输入"最低分"。

步骤(2)：单击选中 L6 单元格。

步骤(3)：同 SUM 函数应用中的步骤(3)，单击"自动求和"按钮，在下拉列表中选择"最大值"命令，即可在 L6 单元格中插入 MAX 函数。

步骤(4)：同 COUNT 函数步骤(4)的方法，求出期末成绩最高分。

步骤(5)：单击选中 L9 单元格。

步骤(6)：同 SUM 函数应用中的步骤(3)，单击"自动求和"按钮，在下拉列表中选择"最小值"命令，即可在 L9 单元格中插入 MIN 函数。

步骤(7)：同 COUNT 函数步骤(4)的方法，求出期末成绩最低分。

结果如图 3-55 所示。

L9				f_x	=MIN(G3:G22)

▲	G	H	I	J	K	L
1	**成绩**					
2	期末成绩	姓	班级姓名	总和	平均分	统计人数
3	90	宋	1班宋子丹	187.0	93.5	20
4	87	郑	2班郑菁华	182.0	91.0	
5	100	张	1班张熊杰	192.0	96.0	最高分
6	99	江	2班江晓勇	186.0	93.0	100
7	72	齐	1班齐小娟	149.0	74.5	
8	92	孙	3班孙如红	183.0	91.5	最低分
9	92	甄	4班甄士隐	180.0	90.0	72
10	85	周	2班周梦飞	160.0	80.0	

图 3-55 MAX 函数和 MIN 函数计算结果

7. 在"语文"工作表的 M2 单元格中输入"均值取整"；在单元格区域(M3：M22)中用 INT 函数求出平均分的整数部分。

具体操作步骤如下：

步骤(1)：单击选中 M2 单元格，输入"均值取整"。

步骤(2)：单击选中 M3 单元格。

步骤(3)：单击编辑栏旁边的 f_x 按钮，弹出"插入函数"对话框，如图 3-56 所示；在"搜索函数"中输入"INT"，单击"转到"按钮，即可在"选择函数"中找到"INT"函数名。

步骤(4)：单击"确定"按钮，

图 3-56 "插入函数"对话框

即可将 INT 函数插入 M3 单元格中,同时弹出"函数参数"对话框。

步骤(5):将对话框移至旁边,鼠标单击工作表中的 K3 单元格后,单击"确定"按钮,即可得出计算结果。

步骤(6):拖曳 M3 单元格右下角的填充柄至 M22 单元格,即可对所有的平均分取整。

8. 在"语文"工作表的 N2 单元格中输入"评级";在单元格区域(N3:N22)中用 IF 函数对每位学生的期末成绩进行评级,90 分以上的评为"优秀",否则为"合格"。

具体操作步骤如下:

步骤(1):单击选中 N2 单元格,输入"评级";

步骤(2):单击选中 N3 单元格;

步骤(3):同 INT 函数的步骤(3),在"插入函数"对话框中找到 IF 函数,单击"确定"按钮,弹出"函数参数"对话框,如图 3-57 所示。用鼠标将对话框移至旁边,单击选中 G3 单元格,在"Logical_test"中出现单元格引用 G3。

图 3-57　IF 函数参数设置

步骤(4):根据题目条件,在"Logical_test"的"G3"后面输入">=90",在"Value_if_true"中输入"优秀",在"Value_if_false"中输入"合格",如图 3-57 所示。单击"确定"按钮后,即可在 N3 单元格中得出计算结果。

步骤(5):鼠标向下拖曳 N3 单元格右下角的填充柄至 N22 单元格,即可为所有学生的期末成绩进行评级,如图 3-58 所示。

9. 在"语文"工作表的 O2 单元格中输入"等级";在单元格区域(O3:O22)中用 IFS 函数对每位学生的期末成绩进行评级,90 分以上评为"优",80~90 分评为"良",

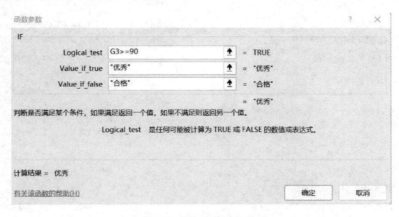

图 3-58　所有学生的评级结果

70~80 分评为"中",70 分以下评为"差"。

　　具体操作步骤如下：

　　步骤(1)：单击 O2 单元格，输入"等级"。

　　步骤(2)：单击选中 O3 单元格。

　　步骤(3)：同 INT 函数的步骤(3)，在"插入函数"对话框中找到 IFS 函数，单击"确定"按钮，弹出"函数参数"对话框，设置 IFS 函数参数，如图 3-59 所示。单击"确定"按钮后，即可得出结果。

　　步骤(4)：鼠标向下拖曳 O3 单元格右下角的填充柄至 O22 单元格，即可为所有学生的期末成绩进行评级，如图 3-60 所示。

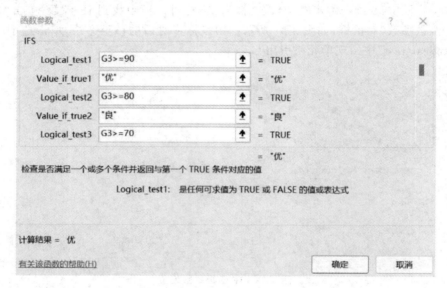

图 3-59　IFS 函数参数对话框

O3　=IFS(G3>=90,"优",G3>=80,"良",G3>=70,"中",TRUE,"差")

期末成绩	姓	班级姓名	总和	平均分	统计人数	均值取整	评级	等级
90	宋	1班宋子丹	187.0	93.5	20	93.0	优秀	优
87	郑	2班郑菁华	182.0	91.0		91.0	合格	良
100	张	1班张熊杰	192.0	96.0	最高分	96.0	优秀	优
99	江	2班江晓勇	186.0	93.0	100	93.0	优秀	优
72	齐	1班齐小娟	149.0	74.5		74.0	合格	中
92	孙	3班孙如红	183.0	91.5	最低分	91.0	优秀	优
92	甄	4班甄士隐	180.0	90.0	72	90.0	优秀	优
85	周	2班周梦飞	160.0	80.0		80.0	合格	良
72	杜	3班杜春兰	152.0	76.0		76.0	合格	中
78	苏	1班苏国强	149.0	74.5		74.0	合格	中
92	张	4班张杰	180.0	90.0		90.0	优秀	优
73	吉	3班吉莉莉	150.0	75.0		75.0	合格	中
94	莫	2班莫一明	192.0	96.0		96.0	优秀	优
77	郭	1班郭晶晶	165.0	82.5		82.0	合格	中
74	候	4班候登科	150.0	75.0		75.0	合格	中
90	宋	3班宋子文	188.0	94.0		94.0	优秀	优
86	马	2班马小军	181.0	90.5		90.0	合格	良
97	郑	1班郑秀丽	196.0	98.0		98.0	优秀	优
94	刘	4班刘小红	154.0	77.0		77.0	优秀	优
98	陈	3班陈家洛	157.0	78.5		78.0	优秀	优

图 3-60　IFS 函数计算结果

10. 在"语文"工作表的 L11 单元格中输入"优秀人数",在单元格 L12 中用 COUNTIF 函数统计优秀人数。

具体操作步骤如下：

步骤(1)：单击 L11 单元格,输入"优秀人数"。

步骤(2)：单击选中 L12 单元格。

步骤(3)：同 INT 函数的步骤(3),在"插入函数"对话框中找到 COUNTIF 函数,单击"确定"按钮,弹出"函数参数"对话框,设置 COUNTIF 函数参数,如图 3-61 所示。单击"确定"按钮后,即可计算出优秀人数,如图 3-62 所示。

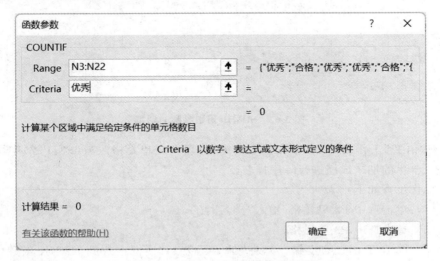

图 3-61　COUNTIF"函数参数"对话框

L12			×	√	f_x	=COUNTIF(N3:N22,"优秀")		
	L	M	N	O		P	Q	R
11	优秀人数	76.0	合格	中		19		
12	11	74.0	合格	中		15		
13		90.0	优秀	优		7		

图 3-62　COUNTIF 函数计算结果

11. 在"语文"工作表的 L14 单元格中输入"1 班总分",在单元格 L15 中用 SUMIF 函数统计 1 班期末总成绩。

具体操作步骤如下：

步骤(1)：单击 L14 单元格,输入"1 班总分"。

步骤(2)：单击选中 L15 单元格。

步骤(3)：同 INT 函数的步骤(3),在"插入函数"对话框中找到 SUMIF 函数,单击"确定"按钮,弹出"函数参数"对话框,设置 SUMIF 函数参数,如图 3-63 所示。单击"确定"按钮后,即可计算出 1 班总分。

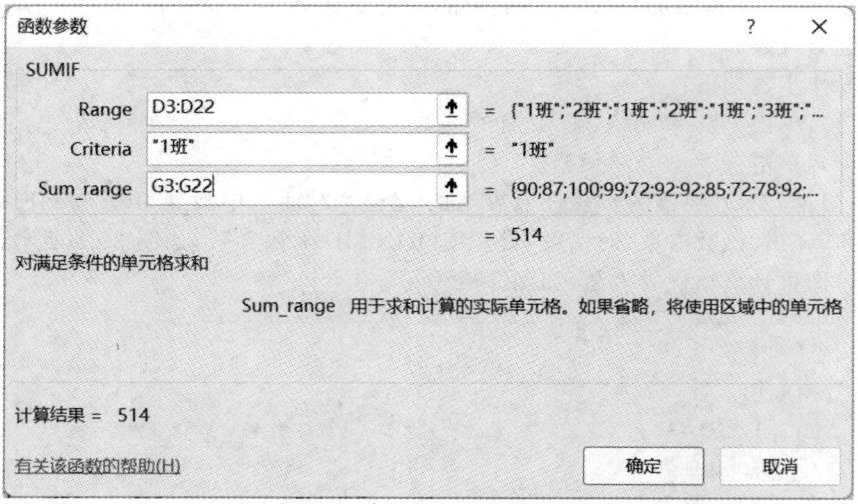

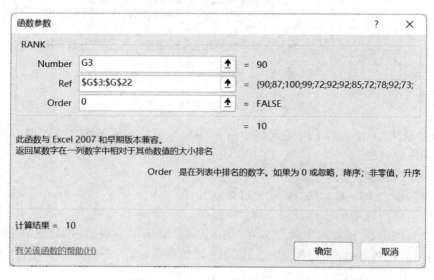

图 3-63　SUMIF 函数参数对话框

12. 在"语文"工作表的 P2 单元格中输入"排名",在单元格区域(P3:P22)中用 RANK 函数对每位学生的期末成绩进行降序排名。

具体操作步骤如下:

步骤(1):单击选中 P2 单元格,输入"排名"。

步骤(2):单击选中 P3 单元格。

步骤(3):同 INT 函数的步骤(3),在"插入函数"对话框中找到 RANK 函数,单击"确定"按钮,弹出"函数参数"对话框,设置 RANK 函数参数,如图 3-64 所示。单击"确定"按钮后,即可计算"语文"工作表中第一位学生期末成绩的名次。

图 3-64　RANK 函数参数对话框

步骤(4):鼠标向下拖曳 P3 单元格右下角的填充柄至 P22 单元格,即可为所有学生的期末成绩进行排名，如图 3-65 所示。

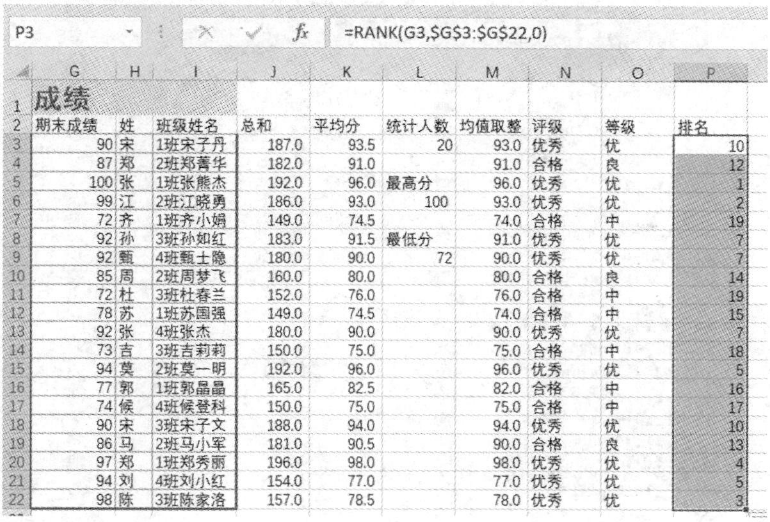

P3 =RANK(G3,$G$3:$G$22,0)

	G	H	I	J	K	L	M	N	O	P
1	成绩									
2	期末成绩	姓	班级姓名	总和	平均分	统计人数	均值取整	评级	等级	排名
3	90	宋	1班宋子丹	187.0	93.5	20	93.0	优秀	优	10
4	87	郑	2班郑菁华	182.0	91.0		91.0	合格	良	12
5	100	张	1班张熊杰	192.0	96.0	最高分	96.0	优秀	优	1
6	99	江	2班江晓勇	186.0	93.0	100	93.0	优秀	优	2
7	72	齐	1班齐小娟	149.0	74.5		74.0	合格	中	19
8	92	孙	3班孙如红	183.0	91.5	最低分	91.0	优秀	优	7
9	92	甄	4班甄士隐	180.0	90.0	72	90.0	优秀	优	7
10	85	周	2班周梦飞	160.0	80.0		80.0	合格	良	14
11	72	杜	3班杜春兰	152.0	76.0		76.0	合格	中	19
12	78	苏	1班苏国强	149.0	74.5		74.0	合格	中	15
13	92	张	4班张杰	180.0	90.0		90.0	优秀	优	7
14	73	吉	3班吉莉莉	150.0	75.0		75.0	合格	中	18
15	94	莫	2班莫一明	192.0	96.0		96.0	优秀	优	5
16	77	郭	1班郭晶晶	165.0	82.5		82.0	合格	中	16
17	74	候	4班候登科	150.0	75.0		75.0	合格	中	17
18	90	宋	3班宋子文	188.0	94.0		94.0	优秀	优	10
19	86	马	2班马小军	181.0	90.5		90.0	合格	良	13
20	97	郑	1班郑秀丽	196.0	98.0		98.0	优秀	优	4
21	94	刘	4班刘小红	154.0	77.0		77.0	优秀	优	5
22	98	陈	3班陈家洛	157.0	78.5		78.0	优秀	优	3

图 3-65 RANK 函数计算结果

14. 在"英语"工作表后面新建一张工作表"期末成绩单"，将"..\源资料\课本案例\3.4\期末成绩单.csv"导入到新工作表中；用 VLOOKUP 函数在"期末成绩单"中查找到每位学生的数学成绩，填充到"数学"工作表的(G2:G21)单元格区域中；用 VLOOKUP 函数在"期末成绩单"中查找到每位学生的英语成绩，填充到"英语"工作表的(G2:G21)单元格区域中。

具体操作步骤如下：

步骤(1)：单击选择"英语"工作表名，然后单击旁边的"⊕"按钮，重命名新表名为"期末成绩单"。

步骤(2)：单击"数据"→"获取和转换数据"组→"从文本/CSV"，在弹出的对话框中找到"..\源资料\课本案例\3.4\期末成绩单.csv"文件，导入"期末成绩单"A1 单元格开始处。

步骤(3)：切换至"数学"工作表，在单元格 G2 中插入 VLOOKUP 函数，参数设置如图 3-66 所示；点击"确定"后，即可查找出第一个学生的数学成绩；双击填充柄，查找出其他学生的数学成绩，效果如图 3-67 所示。

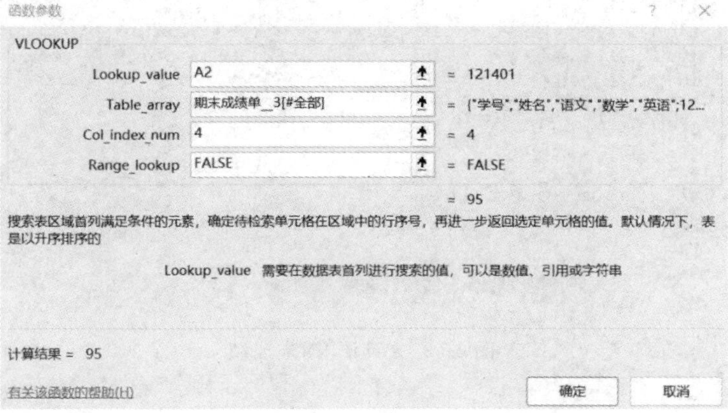

图 3-66 VLOOKUP 函数参数设置对话框

	A	B	C	D	E	F	G
1	学号	姓名	性别	班级	平时成绩	期中成绩	期末成绩
2	121401	宋子丹	女	1班	82	89	83
3	121402	郑菁华	女	2班	89	95	82
4	121403	张雄杰	男	1班	92	99	95
5	121404	江晓勇	男	2班	97	92	95
6	121405	齐小娟	女	1班	85	88	90
7	121406	孙如红	女	3班	96	92	94
8	121407	甄士隐	男	4班	93	94	87
9	121408	周梦飞	男	2班	96	98	95
10	121409	杜春兰	女	3班	92	95	96
11	121410	苏国强	男	1班	78	75	80
12	121411	张杰	男	4班	91	91	93
13	121412	吉莉莉	女	3班	96	97	89
14	121413	莫一明	男	2班	88	92	93
15	121414	郭晶晶	女	1班	92	96	94
16	121415	侯登科	男	4班	100	97	99
17	121416	宋子文	女	3班	92	93	96
18	121417	马小军	男	2班	78	80	77
19	121418	郑秀丽	女	1班	88	86	90
20	121419	刘小红	女	4班	86	92	95
21	121420	陈家洛	男	3班	96	95	85
22							
23							

语文 数学 英语 期末成绩单

图 3-67 “数学”期末成绩

步骤(4):方法同步骤(3),在“期末成绩单”工作表中查找到每位学生的英语成绩,填充至“英语”工作表的(G2:G21)单元格区域中。效果如图 3-68 所示。

	A	B	C	D	E	F	G
1	学号	姓名	性别	班级	平时成绩	期中成绩	期末成绩
2	121401	宋子丹	女	1班	82	89	83
3	121402	郑菁华	女	2班	89	95	82
4	121403	张雄杰	男	1班	92	99	95
5	121404	江晓勇	男	2班	97	92	95
6	121405	齐小娟	女	1班	85	88	90
7	121406	孙如红	女	3班	96	92	94
8	121407	甄士隐	男	4班	93	94	87
9	121408	周梦飞	男	2班	96	98	95
10	121409	杜春兰	女	3班	92	95	96
11	121410	苏国强	男	1班	78	75	80
12	121411	张杰	男	4班	91	91	93
13	121412	吉莉莉	女	3班	96	97	89
14	121413	莫一明	男	2班	88	92	93
15	121414	郭晶晶	女	1班	92	96	94
16	121415	侯登科	男	4班	100	97	99
17	121416	宋子文	女	3班	92	93	96
18	121417	马小军	男	2班	78	80	77
19	121418	郑秀丽	女	1班	88	86	90
20	121419	刘小红	女	4班	86	92	95
21	121420	陈家洛	男	3班	96	95	85
22							
23							

语文 数学 英语 期末成绩单

图 3-68 “英语”期末成绩

实验拓展

1. 在工作簿"2020 级法律专业期末成绩单（源文档）.xlsx"中，使用公式或函数对"法律 1 班"工作表中的数据进行各项统计。

2. 在单元格区域（I3:I14）中，根据公式"综合分＝英语＊英语系数＋近代史＊近代史系数＋法制史＊法制史系数"计算每位学生的综合分。

3. 在单元格区域（J3:J14）中，用 INT 函数对每位学生的综合分取整，保留 0 位小数。

4. 在单元格区域（F16:H16）中，用 SUM 函数求出每门学科的总分。

5. 在单元格区域（F17:H17）中，用 AVERAGE 函数求出每门学科的平均分，保留 1 位小数。

6. 在单元格区域（K3:K22）中，用 IF 函数对每位学生的综合分进行评级，综合分 85 分以上为"优秀"，否则为"合格"。

7. 在单元格区域（L3:L22）中，用 IFS 函数对每位学生的综合分进行评级，综合分 85 分以上为"优"，80～85 分为"良"，80 分以下为"差"。

8. 在单元格区域（M3:M22）中，用 RANK 函数对每位学生的综合分进行降序排名。

9. 在单元格 K18 中，用 COUNTIF 函数求出法律 1 班综合分优秀人数。

10. 在单元格 B19 中，用 COUNT 函数统计法律 1 班总人数。

11. 在单元格区域（F20:H20）中，用函数求出每门学科的最高分。

12. 在单元格区域（F21:H21）中，用函数求出每门学科的最低分。

13. 在单元格 F22 中，用 SUMIF 函数统计法律 1 班男生英语总分。

14. 在工作表"法律 1 班"后面再创建一张工作表，重命名为"法律 1 班成绩表"；将"法律 1 班"工作表中的（A2:B14）及（F2:H14）单元格区域中的数据复制粘贴至"法律 1 班成绩表"中的（A1:E13）区域，粘贴选项为"值"，效果如图 3-69 所示。

	A	B	C	D	E
1	学号	姓名	英语	近代史	法制史
2	01201001	潘志阳	76.1	75.8	87.9
3	01201002	焦宝亮	82.7	80.8	93.2
4	01201003	陈称意	75.7	74.4	87.3
5	01201004	乔泽宇	86.3	80.8	86.6
6	01201005	盛雅	87.6	87.2	92.6
7	01201006	郭梦月	82.4	84.4	86.3
8	01201007	李帅帅	82	80	82.6
9	01201008	于慧霞	78.2	75.9	91.3
10	01201009	钱超群	75.4	71.7	88.6
11	01201010	王圣斌	76.8	80.1	83.6
12	01201011	高琳	91.4	85.1	88.9
13	01201012	王帅	67.5	77.2	83.6

图 3-69 "法律 1 班成绩表"截图

15. 清空"法律 1 班"工作表（F3:H14）单元格区域的数据；用 VLOOKUP 函数从"法律 1 班成绩表"中的查找到相应的分数，返回到"法律 1 班"工作表（F3:H14）单元格区域。

效果如图 3-70 所示。

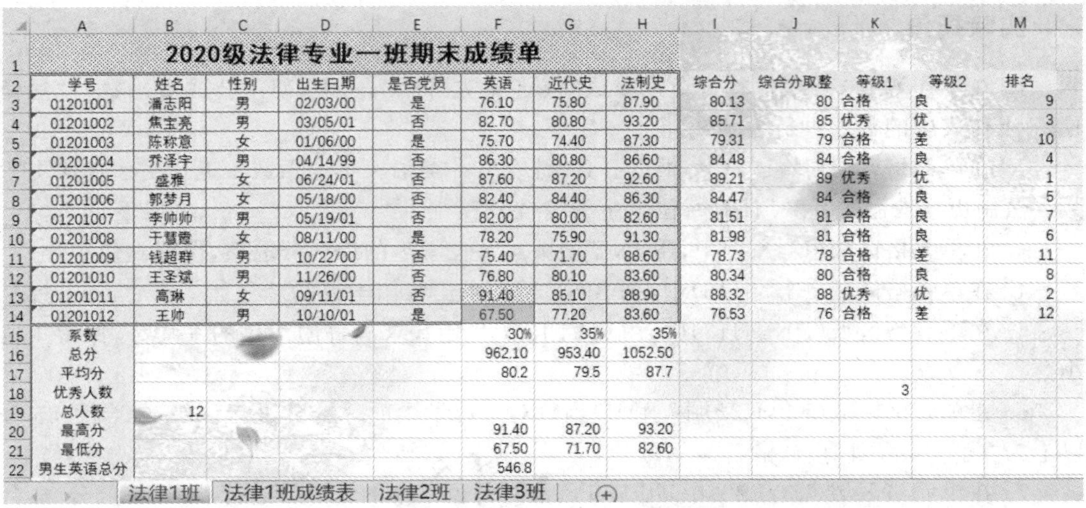

	A	B	C	D	E	F	G	H	I	J	K	L	M
1	2020级法律专业一班期末成绩单												
2	学号	姓名	性别	出生日期	是否党员	英语	近代史	法制史	综合分	综合分取整	等级1	等级2	排名
3	01201001	潘志阳	男	02/03/00	是	76.10	75.80	87.90	80.13	80	合格	良	9
4	01201002	焦宝亮	男	03/05/01	否	82.70	80.80	93.20	85.71	85	优秀	优	3
5	01201003	陈称意	女	01/06/00	是	75.70	74.40	87.30	79.31	79	合格	差	10
6	01201004	乔泽宇	男	04/14/99	否	86.30	80.80	86.60	84.48	84	合格	良	4
7	01201005	盛雅	女	06/24/01	否	87.60	87.20	92.60	89.21	89	优秀	优	1
8	01201006	郭梦月	女	05/18/00	否	82.40	84.40	86.30	84.47	84	合格	良	5
9	01201007	李帅帅	男	05/19/01	否	82.00	80.00	82.60	81.51	81	合格	良	7
10	01201008	于慧霞	女	08/11/00	是	78.20	75.90	91.30	81.98	81	合格	良	6
11	01201009	钱超群	男	10/22/00	否	75.40	71.70	88.60	78.73	78	合格	差	11
12	01201010	王圣斌	男	11/26/00	否	76.80	80.10	83.60	80.34	80	合格	良	8
13	01201011	高琳	女	09/11/01	否	91.40	85.10	88.90	88.32	88	优秀	优	2
14	01201012	王帅	男	10/10/01	是	67.50	77.20	83.60	76.53	76	合格	差	12
15	系数					30%	35%	35%					
16	总分					962.10	953.40	1052.50					
17	平均分					80.2	79.5	87.7					
18	优秀人数										3		
19	总人数	12											
20	最高分					91.40	87.20	93.20					
21	最低分					67.50	71.70	82.60					
22	男生英语总分					546.8							

图 3-70　实验效果图

实验 3-5　Excel 数据的基本分析

实验目的

1. 掌握对工作表进行单字段排序和多字段排序的方法；
2. 掌握自动筛选和高级筛选的方法；
3. 掌握单字段分类汇总和多重分类汇总的方法；
4. 掌握用标准图表进行数据可视化的方法。

实验内容

1. 对“学生成绩.xlsx”→“数学”工作表中的期末成绩由高到低排序。

2. 在“数学”工作表中，先按班级进行升序排序，班级相同时再按性别进行升序排序，性别相同时再按期末成绩降序排序。

3. 在“数学”工作表中，修改排序对话框中的“主要关键字”→“班级”按照 4 班、2 班、3 班、1 班的顺序进行排序。

4. 在“数学”工作表中筛选出 4 班女生记录和 1 班男生记录，筛选的结果放置在 I6 开始的单元格区域中。

5. 在“数学”工作表中，使用分类汇总功能求出各性别的期末成绩平均分及各性别各班级的期末成绩平均分。

6. 在多重分类汇总后的“数学”工作表中，用各班男生期末成绩平均分数据建立簇状柱形图图表。

7. 对上题图表进行编辑：将图表类型改为"三维簇状条形图"；更改图表样式为"样式5"；图表布局为"布局5"；图表标题为"各班男生期末成绩平均分"；数据标签包含值；最后，将图表放置在(I15:P29)区域中。

8. 设置图表的形状样式为"浅色1轮廓，彩色填充-蓝色，强调颜色5"；清除样式后，手动设置图表格式：设置图表区渐变填充，预设渐变"顶部聚光灯-个性色1"，类型"射线"，渐变方向"从中心"；设置绘图区"花束"纹理填充；设置图表标题"透视：左上"阴影。

最终效果如图 3-71。

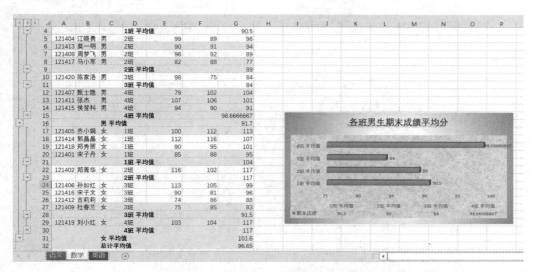

图 3-71　实验 3-5 最终效果图

实验步骤

1. 对"学生成绩.xlsx"→"数学"工作表中的期末成绩由高到低排序。

具体操作步骤如下：

步骤(1)：打开"学生成绩.xlsx"工作簿，切换到"数学"工作表。

步骤(2)：单击选中"期末成绩"列任一单元格，如 G8。

步骤(3)：单击"开始"→"编辑"组→"排序和筛选"按钮，在下拉列表中选择"降序"，即可将"数学"工作表中的数据按照期末成绩由高到低排序。

2. 在"数学"工作表中，先按班级进行升序排序，班级相同时再按性别进行升序排序，性别相同时再按期末成绩降序排序。

具体操作步骤如下：

步骤(1)：拖曳鼠标选择数据清单(A1:G21)。

步骤(2)：单击"开始"→"编辑"组→"排序和筛选"按钮，在下拉列表中选择"自定义排序"，弹出"排序"对话框。单击"主要关键字"旁的下拉按钮，在下拉列表中选择"班级"，设置"次序"为"升序"，"排序依据"默认是"单元格值"。

步骤(3)：单击"添加条件"按钮，添加排序条件，设置"次要关键字"为"性别"，设置"次序"为"升序"。

步骤（4）：同步骤（3）的方法再设置排序条件，如图 3-72 所示，单击"确定"后返回至工作表，即可完成排序，效果如图 3-73 所示。

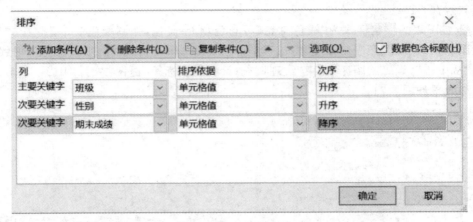

图 3-72 "排序"对话框

	A	B	C	D	E	F	G
1	学号	姓名	性别	班级	平时成绩	期中成绩	期末成绩
2	121403	张雄杰	男	1班	113	99	100
3	121410	苏国强	男	1班	83	76	81
4	121405	齐小娟	女	1班	100	112	113
5	121414	郭晶晶	女	1班	112	116	107
6	121418	郑秀丽	女	1班	90	95	101
7	121401	宋子丹	女	1班	85	88	95
8	121404	江晓勇	男	2班	99	89	96
9	121413	娄一明	男	2班	90	91	94
10	121408	周梦飞	男	2班	96	92	89
11	121417	马小军	男	2班	82	88	77
12	121402	郑菁华	女	2班	116	102	117
13	121420	陈家洛	男	3班	98	75	84
14	121406	孙如红	女	3班	113	105	99
15	121416	宋子文	女	3班	90	81	96
16	121412	吉莉莉	女	3班	74	86	88
17	121409	杜春兰	女	3班	75	85	83
18	121407	甄士隐	男	4班	79	102	104
19	121411	张杰	男	4班	107	106	101
20	121415	侯登科	男	4班	94	90	91
21	121419	刘小红	女	4班	103	104	117

图 3-73 多条件排序效果图

3. 在"数学"工作表中，修改排序对话框中的"主要关键字"→"班级"按照 4 班、2 班、3 班、1 班的顺序进行排序。

具体操作步骤如下：

步骤（1）：重复上题中的步骤（1）和步骤（2），打开如图 3-72 所示对话框。

步骤（2）：将"主要关键字"的排序"次序"改为"自定义序列"，则弹出"自定义序列"对话框。

步骤（3）：在对话框中，"自定义序列："默认选"新序列"，在"输入序列"中输入"4 班""2 班""3 班""1 班"文本，文本之间按"Enter"分隔，如图 3-74 所示，单击"添加"按钮，将自定义序列添加至"自定义序列："列表框，单击"确定"按钮。

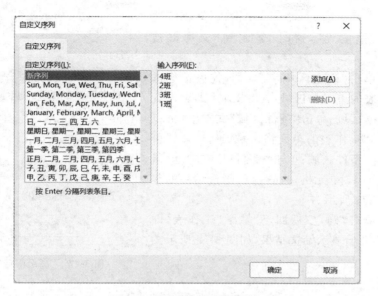

图 3-74 "自定义序列"对话框

步骤(4):返回至"排序"对话框,即可看到"次序"文本框中显示的为自定义的序列,单击"确定"按钮后,即可得到自定义排序后的结果,如图 3-75 所示。

	A	B	C	D	E	F	G
1	学号	姓名	性别	班级	平时成绩	期中成绩	期末成绩
2	121407	甄士隐	男	4班	79	102	104
3	121411	张杰	男	4班	107	106	101
4	121415	侯登科	男	4班	94	90	91
5	121419	刘小红	女	4班	103	104	117
6	121404	江晓勇	男	2班	99	89	96
7	121413	莫一明	男	2班	90	91	94
8	121408	周梦飞	男	2班	96	92	89
9	121417	马小军	男	2班	82	88	77
10	121402	郑菁华	女	2班	116	102	117
11	121420	陈家洛	男	3班	98	75	84
12	121406	孙如红	女	3班	113	105	99
13	121416	宋子文	女	3班	90	81	96
14	121412	吉莉莉	女	3班	74	86	88
15	121409	杜春兰	女	3班	75	85	83
16	121403	张雄杰	男	1班	113	99	100
17	121410	苏国强	男	1班	83	76	81
18	121405	齐小娟	女	1班	100	112	113
19	121414	郭晶晶	女	1班	112	116	107
20	121418	郑秀丽	女	1班	90	95	101
21	121401	宋子丹	女	1班	85	88	95

图 3-75 自定义排序效果图

4. 在"数学"工作表中筛选出 4 班女生记录和 1 班男生记录,筛选的结果放置在 I6 开始的单元格区域中。

具体操作步骤如下:

步骤(1):在"数学"工作表的任意空白区域中输入筛选条件,这里在(I1:J3)中输入筛选条件,如图 3-76 所示。

步骤(2):单击"数据"→"排序和筛选"组→"高级"按钮,弹出"高级筛选"对话框,如图 3-77 所示。

	I	J
1	性别	班级
2	女	4班
3	男	1班

图 3-76 筛选条件

步骤(3)：在对话框"方式"中，单击选择"将筛选结果复制到其他位置"，这时"复制到"文本框被激活。

步骤(4)：单击"列表区域"文本框，拖曳鼠标选择"数学"工作表的单元格区域(A1:G21)，即可设置参与筛选的数据区域；单击"条件区域"文本框，拖曳鼠标选择"数学"工作表的单元格区域(I1:J3)，即可设置筛选依据的条件区域；单击"复制到"文本框，鼠标单击工作表的 I5 单元格，设置存放筛选结果的起始位置，如图 3-77 所示。

步骤(5)：单击"确定"返回至"数学"工作表，即可在 I5 单元格开始显示筛选结果，如图 3-78 所示。

图 3-77　"高级筛选"对话框

5	学号	姓名	性别	班级	平时成绩	期中成绩	期末成绩
6	121419	刘小红	女	4班	103	104	117
7	121403	张雄杰	男	1班	113	99	100
8	121410	苏国强	男	1班	83	76	81

图 3-78　高级筛选结果

5. 在"数学"工作表中，使用分类汇总功能求出各性别的期末成绩平均分及各性别各班级的期末成绩平均分。

具体操作步骤如下：

步骤(1)：拖曳鼠标选中数据清单(A1:G21)。

步骤(2)：单击"数据"→"排序和筛选"组→"排序"按钮，弹出"排序"对话框。

步骤(3)：在对话框中设置"主要关键字"及"次要关键字"，如图 3-79 所示；完成设置后单击"确定"按钮，即可完成两级排序。

步骤(4)：单击"数据"→"分级显示"组→"分类汇总"按钮，打开"分类汇总"对话框；在对话框中选定相关内容，如图 3-80 所示，即可完成第一重分类汇总：求出各班级的期末成绩平均分，效果如图 3-81 所示。

图 3-79　多重分类汇总排序

图 3-80　第一重分类汇总

1 2 3 4		A	B	C	D	E	F	G
	1	学号	姓名	性别	班级	平时成绩	期中成绩	期末成绩
	2	121403	张雄杰	男	1班	113	99	100
	3	121410	苏国强	男	1班	83	76	81
	4				1班 平均值			90.5
	5	121404	江晓勇	男	2班	99	89	96
	6	121413	莫一明	男	2班	90	91	94
	7	121408	周梦飞	男	2班	96	92	89
	8	121417	马小军	男	2班	82	88	77
	9				2班 平均值			89
	10	121420	陈家洛	男	3班	98	75	84
	11				3班 平均值			84
	12	121407	甄士隐	男	4班	79	102	104
	13	121411	张杰	男	4班	107	106	101
	14	121415	侯登科	男	4班	94	90	91
	15				4班 平均值			98.6666667
	16			男 平均值				91.7
	17	121405	齐小娟	女	1班	100	112	113
	18	121414	郭晶晶	女	1班	112	116	107
	19	121418	郑秀丽	女	1班	90	95	101
	20	121401	宋子丹	女	1班	85	88	95
	21				1班 平均值			104
	22	121402	郑菁华	女	2班	116	102	117
	23				2班 平均值			117
	24	121406	孙如红	女	3班	113	105	99
	25	121416	宋子文	女	3班	90	81	96
	26	121412	吉莉莉	女	3班	74	86	88
	27	121409	杜春兰	女	3班	75	85	83
	28				3班 平均值			91.5
	29	121419	刘小红	女	4班	103	104	117
	30				4班 平均值			117
	31			女 平均值				101.6
	32			总计平均值				96.65

图 3-81　第一重分类汇总结果

6. 在图 3-81 所示的多重分类汇总后的"数学"工作表中,用各班男生期末成绩平均分数据建立簇状柱形图图表。

具体操作步骤如下:

步骤(1):选定图表数据区域,一般包括列标题,本例选取(D1、D4、D9、D11、D15、G1、G4、G9、G11、G15)。

步骤(2):按"Alt+F1"组合键,即可在"数学"工作表中插入簇状柱形图图表,如图 3-82所示。

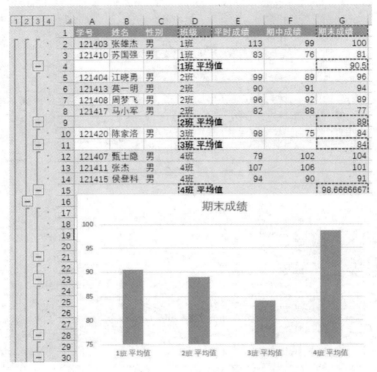

图 3-82　簇状柱形图图表

7. 对上题图表进行编辑:将图表类型改为"三维簇状条形图";更改图表样式为"样式5";图表布局为"布局 5";图表标题为"各班男生期末成绩平均分";数据标签包含值;最后,将图表放置在(I15:P29)区域中。

具体操作步骤如下:

步骤(1):更改图表类型:单击选中图表;单击"图表工具"→"设计"选项卡→"类型"组→"更改图表类型"按钮,弹出"更改图表类型"对话框。

步骤(2):在对话框中,单击"所有图表"标签→"条形图"→"三维簇状条形图",单击"确定"按钮,即可将图表类型改为"三维簇状条形图",如图 3-83 所示。

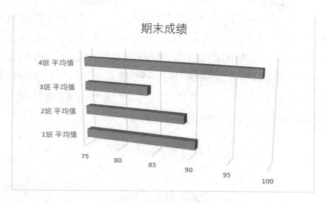

图 3-83 三维簇状条形图表

步骤(3):选中图表,更改图表样式:单击"图表工具"→"设计"选项卡→"图表样式"→"样式 5",如图 3-84 所示,即可更改图表样式。

图 3-84 更改图表样式

步骤(4):选中图表,更改图表布局:单击"图表工具"→"设计"选项卡→"图表布局"组→"快速布局"按钮,在下拉列表中选择"布局 5",如图 3-85 所示,即可更改图表布局。

图 3-85 更改图表布局

步骤(5)：更改图表标题：单击图表标题"期末成绩"，进入编辑状态，修改文本为"各班男生期末成绩平均分"，修改完鼠标单击图表外任何区域即可。

步骤(6)：添加数据标签：选中图表，单击"图表工具"→"设计"选项卡→"图表布局"组→"添加图表元素"按钮，在弹出的下拉列表中选择"数据标签"→"其他数据标签选项"，在Excel工作窗口右边显示"设置数据标签格式"窗格，在窗格中设置数据标签选项，如图3-86所示，即可为图表添加数据标签，效果如图3-87所示。

图 3-86 "设置数据标签格式"窗格

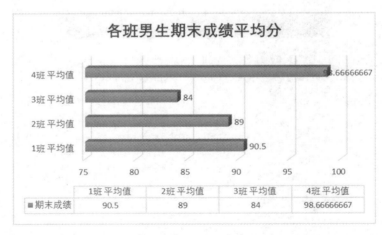

图 3-87 图表最终效果

步骤(7)：放置图表：选中图表，鼠标指向图表区，当指针变成移动符号↖时，按住左键拖动，使图表左上角置于I15单元格内，移动鼠标光标至图表右下角，当光标变为形状时，按住左键拖动图表右下角至P29单元格中，放开鼠标，即可将图表放置在(I15：P29)区域中。

8. 设置图表的形状样式为"浅色1轮廓，彩色填充-蓝色，强调颜色5"；清除样式后，手动设置图表格式:设置图表区渐变填充,预设渐变"顶部聚光灯-个性色 1",类型"射线",渐变方向"从中心";设置绘图区"花束"纹理填充;设置图表标题"透视:左上"阴影。

具体操作步骤如下:

步骤(1):设置图表的形状样式:单击选中图表,单击"图表工具"→"格式"→"形状样式"组,在下拉列表框中选择"浅色 1 轮廓,彩色填充-蓝色,强调颜色 5",如图 3-88 所示。

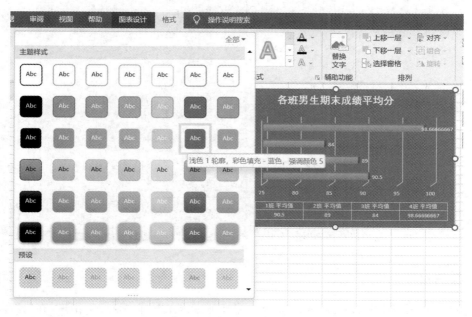

图 3-88　设置图表的形状样式

步骤(2):清除图表的形状样式:选中图表,单击"图表工具"→"格式"→"当前所选内容"组→"重设以匹配样式"按钮,清除图表中所有格式设置。

步骤(3):设置图表区:单击"图表工具"→"格式"→"当前所选内容"组→"图表元素"下拉按钮,在下拉列表中选择"图表区"选项,如图 3-89 所示;单击"设置所选内容格式"按钮,在 Excel 工作窗口右边弹出的"设置图表区格式"窗格中进行相应的设置,如图 3-90 所示。

步骤(4):设置绘图区:同步骤(3)的方法,打开"设置绘图区格式"窗格,在"填充"区,选择"图片或纹理填充"→"纹理"→"花束",即可为图表绘图区填充"花束"纹理。

步骤(5):设置图表标题:同步骤(3)的方法,打开"设置图表标题格式"窗格,在窗格中单击"文本选项"→"文本效果"→"阴影"→"预设"下拉按钮,在弹出的列表中选择"透视"→"透视:左上",即可为图表标题设置阴影效果。

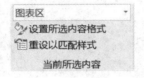

图 3-89　"当前所选内容"组　　　　图 3-90　"设置图表区格式"窗格

实验拓展

打开"源资料\练习资料\3.5\2020 级法律专业期末成绩单.xlsx"工作簿,在"法律 2 班"工作表中,完成下列操作:

1. 合并及居中单元格区域(A1:G1);将(E3:G14)中的数据转换为数字;自动调整 A 至 G 列列宽至最适合列宽。

2. 将数据清单(A2:G14)中的数据按"性别"升序排序,同性别的按"近代史"降序排列。

3. 自动筛选出"英语"前三名中男性学生记录。

4. 取消数据筛选;用高级筛选在数据清单中筛选出男性中英语超过 80 分和女性中英语超过 85 分的数据,筛选出来的数据放置于从 A23 单元格开始的区域。

5. 清除高级筛选的条件区域。

6. 在数据清单(A2:G14)中,使用分类汇总功能求出男女学生的英语平均成绩、近代史平均成绩和法制史平均成绩。

7. 将 C 列调整为最适合的列宽。

8. 用各性别的英语平均成绩、近代史平均成绩和法制史平均成绩作簇状柱形图。

9. 图表类型改为簇状条形图;图表标题改为"平均成绩";图表样式为"样式 3";图表布局为"布局 5";图表显示数据标签;位置:数据标签内;保留 1 位小数;将图表置于(I7:O22)。

最终效果如图 3-91 所示。

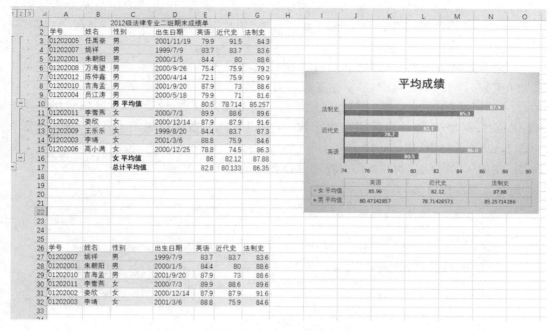

图 3-91　3.5 课后练习效果图

实验 3-6　Excel 数据的高级分析

实验目的

1. 掌握用数据透视表汇总数据的方法；
2. 掌握创建、修改、美化切片器，并用切片器筛选数据的方法；
3. 掌握用数据透视图可视化数据的方法；
4. 掌握用切片器控制数据透视图的方法。

实验内容

1. 打开"源资料\课本案例\3.6\学生成绩.xlsx"工作簿，在"语文"工作表中，建立一张统计各班级各性别各等级的人数及期末平均成绩的数据透视表，并将透视表放置于单元格 A27 开始的区域中，期末平均成绩保留 1 位小数。

2. 在数据透视表中，将"行"区域的"性别"字段和"列"区域的"等级"字段进行位置互换；禁用数据透视表中行、列数据汇总。

3. 对数据透视表，套用数据透视表样式"白色，数据透视表样式浅色 23"。

4. 将"语文"工作表中的单元格 C3 数据改为"男"，然后更新数据透视表中的数据。

5. 为"语文"工作表中的数据透视表创建"班级"、"性别"和"等级"三个切片器；通过切片器筛选出 2 班和 4 班中等级是"良"的女生记录;清除筛选,在透视表中显示原来所有数据;删除"性别"切片器;隐藏"等级"切片器;"班级"切片器套用切片器样式"浅橙色,切片器样式深色 2"。

6. 删除数据透视表中的"姓名"字段,作数据透视表对应的数据透视图——簇状柱形图,放在(A35:E49)单元格中,数据标签显示在外部,隐藏图表上所有字段按钮。

7. 在"语文"工作表的 K26 单元格处插入一新数据透视表,统计男、女平时成绩平均分和期末成绩平均分,数值均保留 1 位小数,并作出对应的数据透视图——条形图,放置在(K33:N47)单元格中。

8. 用插入的"班级"切片器同时控制两张数据透视图。

最终效果如图 3-92 所示。

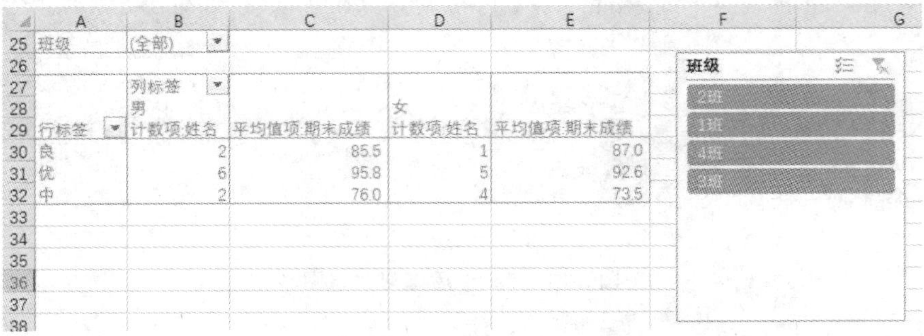

图 3-92　实验 3-6 效果图

实验步骤

1. 打开"源资料\课本案例\3.6\学生成绩.xlsx"工作簿,在"语文"工作表中,建立一张统计各班级各性别各等级的人数及期末平均成绩的数据透视表,并将透视表放置于单元格 A27 开始的区域中,期末平均成绩保留 1 位小数。

具体操作步骤如下:

步骤(1):选择用于创建数据透视表的数据源,鼠标拖曳选择单元格区域(A2:P22)。

步骤(2):单击"插入"→"表格"组→"数据透视表"按钮,弹出"创建数据透视表"对话框,在"选择放置数据透视表的位置"区域单击选中"现有工作表"单选项,并鼠标单击选择"语文"工作表中的 A27 单元格,单击"确定"按钮,即可在 A27 开始的区域出现一张空的数据透视表,Excel 工作窗口右边显示"数据透视表字段"实验窗格。此外,在功能区会出现"数据透视表工具"的"分析"和"设计"两个选项卡。

步骤(3):在"数据透视表字段"实验窗格的"选择要添加到报表的字段"区域中选择"班级"、"性别"、"等级"、"姓名"、"期末成绩"等字段;

步骤(4):在"数据透视表字段"实验窗格的"在以下区域间拖动字段"区域,将要分页显示的字段"班级"拖曳到"筛选"区域,将要分类的字段"性别"和"等级"分别拖曳到"行"区域和"列"区域,将要汇总的字段"姓名"和"期末成绩"拖曳到"值"区域,如图 3-93 所示。

步骤(5):单击"值"区域的"期末成绩"字段下拉按钮,在打开的下拉列表中选择"值字段设置"命令,弹出"值字段设置"对话框,如图 3-94 所示;在对话框"值汇总方式"→"计算类型"区域中选择"平均值";单击"数字格式"按钮,在弹出的"设置单元格格式"对话框中,设置"数值"→"小数位数"为"1",可完成数据透视表的创建,效果如图 3-95 所示。

图 3-93　"数据透视表字段"窗格　　　　　图 3-94　"值字段设置"对话框

班级	(全部)								
	列标签								
	良		优		中		计数项:姓名汇总	平均值项:期末成绩汇总	
行标签	计数项:姓名	平均值项:期末成绩	计数项:姓名	平均值项:期末成绩	计数项:姓名	平均值项:期末成绩			
男	2	85.5	6	95.8	2	76.0	10	89.8	
女	1	87.0	5	92.6	4	73.5	10	84.4	
总计	3	86.0	11	94.4	6	74.3	20	87.1	

图 3-95　数据透视表效果图

2. 在图 3-95 所示的数据透视表中,将"行"区域的"性别"字段和"列"区域的"等级"字段进行位置互换;禁用数据透视表中行、列数据汇总。

具体操作步骤如下:

步骤(1):单击数据透视表中任一数据单元格,打开"数据透视表字段"实验窗格,"在以下区域间拖动字段"区域中,将"性别"字段拖曳至"列"区域,将"等级"字段拖曳至"行"区域,数据透视表的效果如图 3-96 所示。

	A	B	C	D	E	F	G
25	班级	(全部)					
26							
27		列标签					
28		男		女		计数项:姓名汇总	平均值项:期末成绩汇总
29	行标签	计数项:姓名	平均值项:期末成绩	计数项:姓名	平均值项:期末成绩		
30	良	2	85.5	1	87.0	3	86.0
31	优	6	95.8	5	92.6	11	94.4
32	中	2	76.0	4	73.5	6	74.3
33	总计	10	89.8	10	84.4	20	87.1
34							

图 3-96　行列变换后的数据透视表

步骤（2）：选择数据透视表，单击"数据透视表工具"→"设计"→"布局"组→"总计"按钮，在弹出的下拉列表中选择"对行和列禁用"，效果如图 3-97 所示。

	A	B	C	D	E	F
25	班级	(全部)				
26						
27		列标签				
28		男		女		
29	行标签	计数项:姓名	平均值项:期末成绩	计数项:姓名	平均值项:期末成绩	
30	良	2	85.5	1	87.0	
31	优	6	95.8	5	92.6	
32	中	2	76.0	4	73.5	
33						

图 3-97　更改布局后的数据透视表

3. 对于图 3-97 所示的数据透视表，套用数据透视表样式"白色，数据透视表样式浅色23"。

方法：选择数据透视表区域，单击"设计"→"数据透视表样式"→"白色，数据透视表样式浅色23"，即可套用数据透视表样式。

4. 将"语文"工作表中的单元格 C3 数据改为"男"，然后更新数据透视表中的数据。

具体操作步骤如下：

步骤（1）：单击选中 C3 单元格，将单元格中的"女"改为"男"。

步骤（2）：在数据透视表数据区域的任一单元格上鼠标右键单击，在弹出的快捷菜单中选择"刷新"选项，即可更新透视表数据。

5. 为"语文"工作表中的数据透视表创建"班级"、"性别"和"等级"三个切片器；通过切片器筛选出 2 班和 4 班中等级是"良"的女生记录；清除筛选，在透视表中显示原来所有数据；删除"性别"切片器；隐藏"等级"切片器；"班级"切片器套用切片器样式"浅橙色，切片器样式深色2"。

具体操作步骤如下：

步骤（1）：单击数据透视表中数据区域的任一单元格，单击"插入"→"筛选器"组→"切片器"按钮，弹出"插入切片器"对话框。

步骤（2）：在对话框中，选中"班级"、"性别"和"等级"三个复选框，如图 3-98 所示，单击"确定"按钮，即可创建"班级"、"性别"和"等级"三个切片器，将鼠标光标放置在切片器上，按住鼠标左键并拖曳，调整三个切片器的位置。

步骤（3）：在"班级"切片器中单击"2 班"选项后，按"Ctrl"键的同时，单击"4 班"选项，在透视表中仅显示 2 班和 4 班的记录；在"等级"切片器中单击"良"选项，在透视表 2 班和 4 班的记录中仅显示"等级"是"良"的记录；在"性别"切片器中单击"女"选项，即筛选出 2 班和 4 班中等级是"良"的女生记录，如图 3-99 所示。

图 3-98　"插入切片器"

图 3-99　"班级""等级""性别"切片器

步骤（4）：单击"班级"切片器右上角的"清除筛选器"按钮 或按"Alt＋C"组合键，即可清除班级筛选，在透视表中显示所有班级的记录；采用同样的方法清除性别筛选和等级筛选，显示原有的所有数据。

步骤（5）：选择"性别"切片器，按"Delete"键，即可将"性别"切片器删除。

步骤（6）：选择"等级"切片器，单击"切片器工具"→"选项"→"排列"组→"选择窗格"按钮，在工作窗口右边打开"选择"窗格。

步骤（7）：在"选择"窗格中，单击"等级"旁边的 按钮，即可隐藏"等级"切片器，此时， 按钮显示为 — 按钮，再次单击 — 按钮即可取消隐藏。

步骤（8）：选择"班级"切片器，单击"切片器工具"→"选项"→"切片器样式"组中的"其他"按钮 ，在弹出的样式列表中，选择"浅橙色，切片器样式深色 2"，如图 3-100 所示，即可设置"班级"切片器的样式。

图 3-100　套用切片器样式

6. 删除数据透视表中的"姓名"字段，作数据透视表对应的数据透视图——簇状柱形图,放在(A35:E49)单元格中,数据标签显示在外部,隐藏图表上所有字段按钮。

具体步骤如下:

步骤(1):单击数据透视表任意一数据,在右边出现的"数据透视表字段"实验窗格中,取消选择"姓名"字段,如图3-101所示,即可删除数据透视表中的"姓名"字段。

图 3-101 取消选择"姓名"字段

步骤(2):单击"数据透视表工具"→"工具"组→"数据透视图",在弹出的"插入图表"对话框中,选择图表类型"簇状柱形图"→"确定"。

步骤(3):调整数据透视图大小,移动数据透视图至A35:E49单元格区域中;点击透视图旁边的按钮,选择"数据标签"→"数据标签外"。

步骤(4):右击透视图区任意一个字段按钮,在弹出的右键菜单中选择"隐藏图表上所有字段按钮",如图3-102所示。

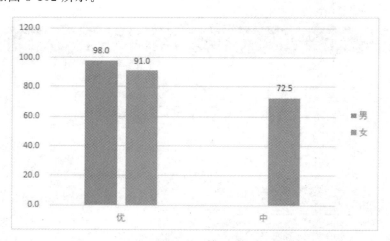

图 3-102 隐藏图表上所有字段按钮后的效果图

7. 在"语文"工作表的K26单元格处插入一新数据透视表,统计男、女平时成绩平均分和期末成绩平均分,数值均保留1位小数,并作出对应的数据透视图——条形图,放置在(K33:N47)单元格中。

方法同上。

8. 用插入的"班级"切片器同时控制两张数据透视图。

步骤(1)：单击选择"班级"切片器，单击"切片器工具"→"切片器"组→"报表连接"，在弹出的"数据透视表连接(班级)"对话框中，同时选择两张数据透视表，如图 3-103 所示。

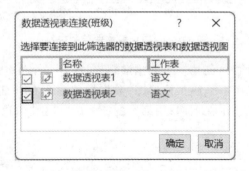

图 3-103 "数据透视表连接(班级)"对话框

步骤(2)："确定"后，"班级"切片器即可同时控制两张数据透视图，实现图表联动控制。

实验拓展

打开"源资料\练习资料\3.6\2020 级法律专业期末成绩单.xlsx"工作簿，在"法律 1 班"工作表中，完成下列操作：

1. 为数据清单(A2:M14)建立一张数据透视表，统计等级 2 中各等级各性别的人数和各科目平均分(平均分结果保留 1 位小数)，将数据透视表放置于"法律 1 班"工作表中 A27 开始的区域，效果如图 3-104 所示。

27		列标签									计数项:姓名汇总	平均值项:英语汇总	平均值项:近代史汇总	平均值项:法制史汇总
28		男					女							
29	行标签	计数项:姓名	平均值项:英语	平均值项:近代史	平均值项:法制史	计数项:姓名	平均值项:英语	平均值项:近代史	平均值项:法制史					
30	差	2	71.5	74.5	86.1	1	75.7	74.4	87.3		3	72.9	74.4	86.5
31	良	4	80.3	79.2	85.2	2	80.3	80.2	88.8		6	80.3	79.5	86.4
32	优	1	82.7	80.8	93.2	2	89.5	86.2	90.8		3	87.2	84.4	91.6
33	总计	7	78.1	78.1	86.6	5	83.1	81.4	89.3		12	80.2	79.5	87.7

图 3-104 数据透视表效果图

2. 修改数据透视表中分类字段的位置，将"性别"字段拖曳到"行"区域，"等级 2"字段拖曳到"筛选"区域；应用数据透视表样式"浅蓝，数据透视表样式浅色 9"，效果如图 3-105 所示。

	A	B	C	D	E
25	等级2	(全部)			
26					
27	行标签	计数项:姓名	平均值项:英语	平均值项:近代史	平均值项:法制史
28	男	7	78.1	78.1	86.6
29	女	5	83.1	81.4	89.3
30	总计	12	80.2	79.5	87.7
31					

图 3-105 修改字段位置后的数据透视表

3. 在当前工作表中插入"性别"切片器和"等级 2"切片器，通过切片器在数据透视表中筛选出等级 2 为"优"的女生记录，效果如图 3-106 所示。

图 3-106　切片器筛选后的记录

4. 在单元格 A41 开始处,创建一个数据透视表,统计各个性别的综合分平均分(保留 1 位小数),并生成数据透视图——簇状柱形图;数据标签显示在外部;透视图标题为"各个性别的综合分平均分",标题显示在上部;用第 3 题插入的"性别"切片器控制数据透视图。

第四章 PowerPoint 2016 演示文稿操作实践

PowerPoint 2016 是 Microsoft Office 2016 办公软件的一个重要组成部分,它可以将文字、图像、图形、音频、视频、动画集于一体创作成多媒体作品。在商业宣传、会议报告、产品介绍、培训、演讲等活动中常常需要图文并茂地展示成果或者传达信息,要求宣讲者展示具有动态性、交互性和可视性的文本、图片、视频、音频,这些要求借助演示文稿可以方便地实现。

知识点 1:PowerPoint 2016 窗口组成

PowerPoint 2016 窗口与其他 Office 组件窗口类似,主要包括快速访问工具栏、标题栏、菜单功能区、幻灯片窗格、幻灯片编辑区、备注窗格、状态栏和滚动条等。

启动 PowerPoint 2016 软件,新建空白演示文稿,打开 PowerPoint 2016 窗口如图 4-1 所示。

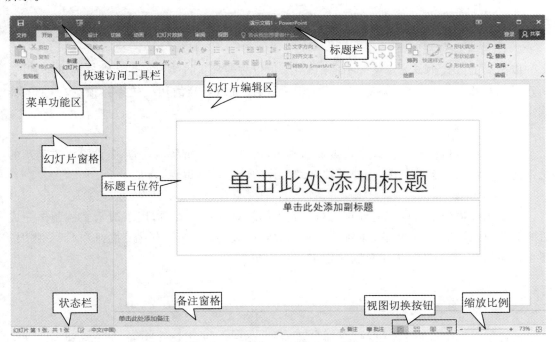

图 4-1　PowerPoint 2016 窗口

幻灯片窗格位于演示文稿窗口的左侧,显示的是当前演示文稿中所有幻灯片的缩略图,单击幻灯片窗格中的某张缩略图,右侧的幻灯片编辑区即显示该幻灯片的内容,并可对该幻灯片进行编辑。

知识点 2：PowerPoint 2016 视图

PowerPoint 2016 提供了 5 种视图,分别为普通视图、大纲视图、幻灯片浏览视图、备注页视图和阅读视图,如图 4-2 所示,在该组命令中单击相应的视图命令可以切换视图,单击状态栏中的视图图标也可以进行视图的切换。

图 4-2　演示文稿的五种视图模式

1. 普通视图

普通视图是 PowerPoint 2016 默认的视图模式,在该视图模式下用户可以方便地编辑和查看幻灯片的内容,添加备注内容等。

2. 大纲视图

以大纲形式显示幻灯片中的标题文本,主要用于查看与编辑幻灯片中的文字内容。

3. 幻灯片浏览视图

以全局的方式浏览演示文稿中的幻灯片,可以方便地进行多张幻灯片顺序的编排,以及新建、复制、移动、插入和删除幻灯片等操作,可以设置幻灯片的切换效果并预览,但是不能编辑幻灯片中的内容。

4. 备注页视图

将"备注"窗格以整页格式进行查看和使用,用户可以编辑备注内容,备注页上方显示的是当前幻灯片的内容缩览图,用户无法对幻灯片的内容进行编辑。

5. 阅读视图

将演示文稿作为适应当前计算机窗口大小的幻灯片放映查看,用于演示文稿制作完成后的简单放映浏览,查看内容、设置的动画和放映的效果,单击"上一张"按钮和"下一张"按钮可切换幻灯片,阅读过程中可随时按 Esc 键退出。

知识点 3：演示文稿的创建

启动 PowerPoint,出现如图 4-3 所示界面。根据需要选取创建类型,可以创建空白演示文稿或者根据模板和主题创建。

1. 创建空白演示文稿

启动 PowerPoint,单击"空白演示文稿";若已打开其他演示文稿则选择"文件"→"新建"→"空白演示文稿"。

2. 根据"联机模板和主题"创建演示文稿

在 Office 模板库包含各种类型的模板。可以根据实际需求在搜索框中输入所需的内容进行搜索或根据下方"建议的搜索"进行搜索,在搜索的结果中选取所需的内容单击后点击"创建"即可。

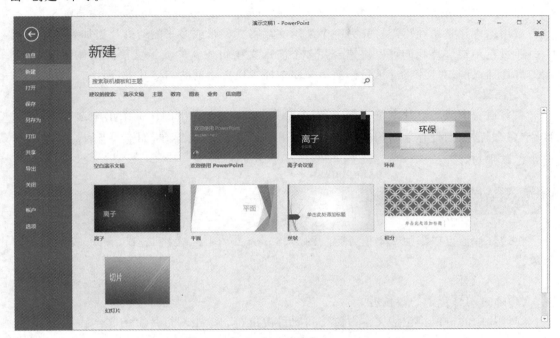

图 4-3　新建演示文稿

知识点 4:演示文稿的基本操作

演示文稿包含有若干张幻灯片,编辑演示文稿主要包括对幻灯片的添加、编辑、复制和删除等基本操作。

1. 幻灯片的选择

编辑演示文稿时首先要选择幻灯片,可以在普通视图幻灯片浏览窗格中单击选择单张幻灯片,加 Shift 键选择连续的幻灯片,加 Ctrl 键选择不连续的幻灯片。

2. 幻灯片的添加

可以在普通视图幻灯片窗格中选择幻灯片直接 Enter 键,或者点击"开始"→"新建幻灯片"。

3. 幻灯片的编辑

每张幻灯片根据版式的不同包含的占位符也不同,在幻灯片编辑区中虚线框称为占位符。若需编辑幻灯片,只需单击"占位符",添加所需内容。若需改变"占位符"的大小,单击"占位符"后出现小圆圈,选中小圆圈拖动调整大小;若需移动,单击"占位符"出现十字箭头进行移动即可。幻灯片的文字格式设置与 Word 2016 操作相同。

137

4. 幻灯片的复制或移动

选中所要复制的幻灯片,选择"开始"→"新建幻灯片"下拉按钮→"复制幻灯片";或者利用快捷菜单中的复制、剪切、粘贴也可以实现幻灯片的复制和移动。

5. 幻灯片的删除

选中要删除的幻灯片直接按 Delete 键或右击在快捷菜单点击"删除幻灯片"即可。

6. 幻灯片的重用

重用幻灯片是指在不需打开另一个演示文稿将其一张或多张的幻灯片添加到演示文稿中。通过重用幻灯片我们可以快速合并多个演示文稿组成新的演示文稿。默认情况下,重用幻灯片插入的幻灯片将继承目标演示文稿中插入位置之前的幻灯片的设计。

7. 隐藏幻灯片

在普通视图或幻灯片浏览视图中,右击某张幻灯片,在弹出的快捷菜单中选择"隐藏幻灯片"命令,该张幻灯片缩略图变灰并且标号出现一条红色反斜杠,如 ，当幻灯片播放时会跳过该张幻灯片。

知识点 5:演示文稿的编辑

在幻灯片上可以添加文本框、图片、图形、SmartArt 图形、表格、公式、音频、视频等不同对象。

1. 插入文本

(1)通过幻灯片中的占位符

幻灯片中的占位符包括文本占位符和项目占位符。单击幻灯片上的文本占位符,即可输入文本。

(2)通过插入文本框实现插入文本

单击"插入"→"文本"组→"文本框"下拉按钮,在打开的下拉列表中选择"横排文本框"(或"竖排文本框")命令,如图 4-4 所示,在幻灯片上需要添加文本的位置单击鼠标即可插入文本框,在其中输入文本。

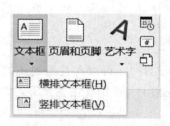

图 4-4 插入文本框

幻灯片中的文本可以通过"开始"→"字体"组和"段落"组中的命令对文字和段落进行格式设置,设置的方法与 Word 2016 类似。

2. 插入图片与图形对象

(1)插入图片

单击"插入"→"图像"组→"图片"命令,打开"插入图片"对话框,选择图片,单击"插入"

按钮,可在当前幻灯片中插入该图片。

（2）插入图形

单击"插入"→"插图"组→"形状"下拉按钮,在打开的列表中选择需要插入的图形,在当前幻灯片上鼠标呈现实心的十字,拖动鼠标即可绘制选择的图形。

（3）插入 SmartArt 图形

SmartArt 图形适用于文字量少、层次较明显的文本,以插图的方式呈现,便于读者理解与记忆。与 Word 2016 一样,PowerPoint 2016 软件提供了 8 种类型的 SmartArt 图形,分别是列表、流程、循环、层次结构、关系、矩阵、棱锥图和图片。单击"插入"→"插图"组→"SmartArt"命令,打开"选择 SmartArt 图形"对话框,如图 4-5 所示,选择需要的图形,单击"确定"按钮,即可在当前幻灯片中插入选择的 SmartArt 图形,单击 SmartArt 图形上的占位符可以输入文本,插入的 SmartArt 图形可以通过"SmartArt 工具"→"设计"/"格式"组中的命令更改其版式、颜色、形状、样式等。

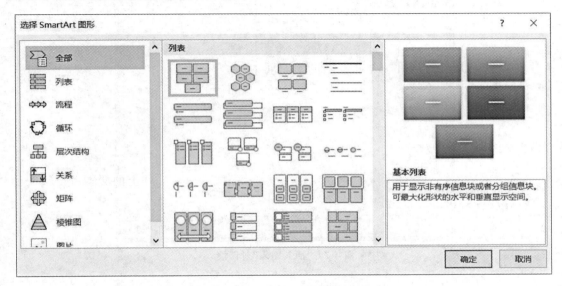

图 4-5　"选择 SmartArt 图形"对话框

3. 插入艺术字

与 Word 2016 类似,单击"插入"→"文本"组→"艺术字"下拉按钮,选择一种样式,即可插入艺术字,选择艺术字,"绘图工具"→"格式"组中的命令可以对艺术字的形状样式、艺术字样式、排列、大小等进行设置,如图 4-6 所示。

图 4-6　"绘图工具"选项卡

4. 插入表格与图表

(1) 插入表格

与 Word 2016 类似,单击"插入"→"表格"组→"表格"下拉按钮中的选项,可以插入、绘制表格,插入 Excel 电子表格等。

(2) 插入图表

单击"插入"→"插图"组→"图表"命令,打开"插入图表"对话框,如图 4-7 所示,选择图表类型,例如选择"簇状柱形图",出现如图 4-8 所示的效果,在工作表中将占位符数据替换成相应的数据,完成后关闭工作表。

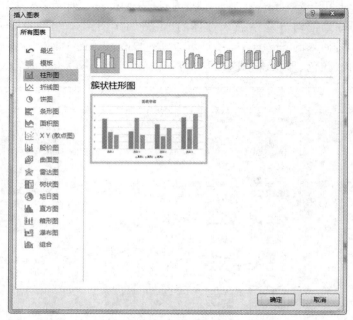

图 4-7　"插入图表"对话框

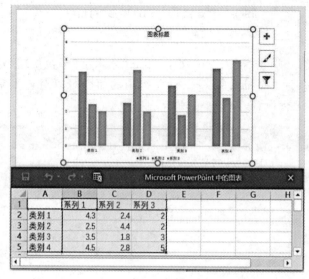

图 4-8　编辑图表

提示：当插入图表时，其右上角的"图表元素" ⊞ 按钮可添加、删除或更改图表元素（例如标题、图例、网格线和数据标签等）。"图表样式" ⊿ 按钮可设置图表的样式和配色方案。"图表筛选器" ▽ 按钮可编辑在图表上显示哪些数据点和名称。

5. 插入视频

在当前幻灯片上单击"插入"→"媒体"组→"视频"下拉按钮，可以选择"联机视频"或"PC 上的视频"选项。如果选择"PC 上的视频"，将打开"插入视频文件"对话框，选择需要的视频文件，单击"插入"按钮，即可将该视频文件插入当前幻灯片中。

选择幻灯片上插入的视频文件，通过"视频工具"→"格式"/"播放"选项卡中的命令可以对插入的视频文件的外观样式、播放方式等进行设置，如图 4-9 所示。

选择幻灯片上插入的视频文件，按 Delete 键即可删除该视频。

图 4-9　"视频工具"选项卡

6. 插入音频

在当前幻灯片上单击"插入"→"媒体"组→"音频"下拉按钮，可以选择"PC 上的音频"或"录制音频"选项。如果选择"PC 上的音频"，将打开"插入音频"对话框，选择需要的音频文件，单击"插入"按钮，即可在当前幻灯片中插入该音频文件，在幻灯片上显示 ◀ 图标。

选择幻灯片上插入的音频文件，通过"音频工具"→"格式"/"播放"选项卡中的命令可以对插入的音频文件的外观样式、播放方式等进行设置，勾选"循环播放，直到停止""播放返回开头""未播放时隐藏"等选项，可实现相应的功能。

选择幻灯片上插入的音频图标，按 Delete 键即可删除该音频。

知识点 6：演示文稿的美化

1. 幻灯片的版式

幻灯片的版式是指幻灯片的内容在幻灯片上的排列方式，版式由占位符组成。

选择需要更改版式的幻灯片，单击"开始"→"幻灯片"组→"版式"下拉按钮，用户可根据需要选择不同的版式，单击相应的版式即可将该版式应用于当前幻灯片。

2. 母版

母版是一种特殊的幻灯片，位于幻灯片层次结构中的顶层，它可以统一整个演示文稿的风格，包括幻灯片占位符的大小、位置、字体、颜色、背景和效果等。如果在设置幻灯片的过程中需要设置统一效果，可以使用母版减少工作量，提高效率。

母版分为幻灯片母版、讲义母版和备注母版三种类型。在这里主要介绍幻灯片母版设置。进入幻灯片母版的方法点击选项卡"视图"→"母版视图"→"幻灯片母版"，进入幻灯片母版视图，如图 4-10 所示。

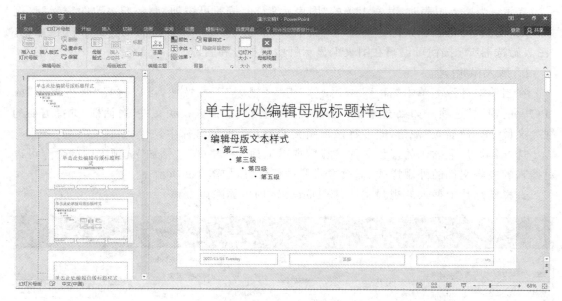

图 4-10　幻灯片母版视图

　　从图中可以看到幻灯片母版视图中左侧窗格幻灯片第一张最大,这是幻灯片母版,通常控制整个演示文稿的所有幻灯片;下面较小的是不同版式的母版,它控制的是相对应版式的幻灯片。幻灯片母版版式包含了五个占位符,分别是标题、文本、日期、页脚和幻灯片编号,可以通过调整这些占位符的格式来统一调整幻灯片的外观。若需返回到幻灯片,关闭母版视图或单击右下角的"普通视图"即可。

　　3. 幻灯片的主题

　　主题是一组预定义的幻灯片颜色、字体和视觉效果的组合。利用主题可以实现统一专业的风格,简化演示文稿的美化过程,使整个幻灯片色彩、视觉风格一致,易于阅读。

　　用户可以直接应用 PowerPoint 2016 提供的内置主题样式,也可以使用外部主题,还可以修改主题。单击"设计"→"主题"组右侧的下拉按钮,选择所需主题右击应用于所有幻灯片或选定幻灯片。

　　4. 幻灯片的背景

　　设置幻灯片的背景主要是为了美化幻灯片。单击"设计"→"自定义"组→"设置背景格式"命令,打开"设置背景格式"窗格,用户可以将幻灯片的背景设置不同的填充方式(包括纯色、渐变、图片或纹理、图案等填充方式),并设定背景格式是否应用于整个演示文稿。

知识点 7:动画设置与放映

　　1. 设置超链接

　　(1)使用"超链接"命令创建超链接

　　选择要进行链接的对象,单击"插入"→"链接"组→"超链接"命令,打开"插入超链接"对话框,可建立与本演示文稿中不同幻灯片、其他文件或网页的链接。创建了超链接的对象在幻灯片播放时,鼠标移动到该对象上呈现为手形,单击对象即可链接到设定的目标。

（2）设置动作按钮

单击"插入"→"插图"组→"形状"下拉按钮，在打开的下拉列表中选择需要插入的动作按钮，图 4-11 所示，在当前幻灯片上鼠标呈现为实心的十字，按住鼠标左键拖动鼠标即可绘制选择的动作按钮，插入动作按钮后将自动打开"操作设置"对话框，在对话框中可设置动作按钮的超链接。

图 4-11　动作按钮区

2. 动画设置

动画设置是指为幻灯片中的对象（可以是文本、图片、表格、艺术字、图表等）添加特殊的视觉或声音效果。幻灯片中动画效果分为进入、强调、退出和动作路径四大类，一是对象出现时的进入动画，二是对象在展示过程中的强调动画，三是对象退出幻灯片时的退出动画，四是对象沿着指定的线路进行运动。

（1）设置对象动画

若幻灯片对象只需设置单个动画，单击"动画"→"动画"组→"其他"下拉按钮，在打开的下拉列表中选择所需的动画应用于对象。

（2）高级动画

若同一个对象需添加多种动作，单击"动画"→"高级动画"组→"添加动画"下拉按钮，在打开的下拉列表中选择所需的动画应用于对象。

若多个对象添加同一个动作，可以利用高级动画中的动画刷。动画刷是将已设置好的动画应用到其他对象中去，操作方法与文本中的格式刷相同。

注：单击"动画刷"只能刷一次，双击则可刷多次。

若幻灯片中对象的动画效果需进一步设置，可以使用高级动画中的动画窗格来设置。

单击"动画"选项卡→"高级动画"组→"动画窗格"按钮，打开"动画窗格"窗格，选择对象，右击弹出快捷菜单，选择"效果选项"，在弹出的对话框中进行设置。

3. 幻灯片切换

幻灯片的切换效果指演示文稿放映时幻灯片进入和离开播放画面时的整体效果，使用幻灯片的切换动画可以使幻灯片播放时幻灯片之间的过渡衔接更加自然流畅。图 4-12 是幻灯片"切换"选项卡，在"切换"选项卡中可以设置幻灯片的切换效果。

图 4-12　幻灯片"切换"选项卡

> 📖 *提示*
>
> 　　设置动画及幻灯片的切换效果要根据演示文稿整体的风格和内容进行锦上添花的设计，切忌添加过多的动画和令人眼花缭乱的切换方式，喧宾夺主，分散观众的注意力。

知识点 8：演示文稿的放映、输出与打印

一个演示文稿创建编辑完成后，可以根据演讲的用途、播放的环境及观众的需求，选择不同的放映和输出方式。

1. 幻灯片放映方式设置

放映方式可以选择从头开始、从当前幻灯片开始、联机演示、自定义放映等方式，如图 4-13 所示。可以利用"设置放映方式"对话框进行相应的放映设置，满足用户不同的需求。

图 4-13 "幻灯片放映"选项卡

2. 排练计时

使用排练计时功能，用户在演示文稿正式演示前先进行一次模拟讲演，一边播放幻灯片一边根据实际需要进行讲解，让软件将在每张幻灯片上所用的时间记录下来，放映到最后一张时，屏幕上会出现确认消息框，询问是否接受排练时间，选择"是"，幻灯片的排练计时就完成了。在"设置放映方式"对话框中，选择"如果出现计时，则使用它"命令，在演示文稿播放时将按照排练的时间自动放映。

3. 演示文稿的输出

演示文稿制作完成后，单击"文件"→"保存"/"另存为"命令，指定文件保存的路径，输入文件名，可以保存文件。文件保存的类型可以是 PPTX 文件、PDF/XPS 文档、视频、打包成CD、讲义等多种方式输出。

4. 演示文稿的打印

演示文稿可以打印输出，单击"文件"→"打印"命令，在中部打印窗格中对打印参数进行设置，在右侧窗格中可以预览打印效果，单击"打印"按钮 ，完成打印操作。

实验 4-1 创建和编辑演示文稿

实验目的

1. 熟悉 PowerPoint 2016 操作界面和视图。

2. 掌握 PowerPoint 2016 电子演示文稿的创建与保存。

3. 掌握幻灯片的添加、删除、移动、重用等操作。

4. 掌握图片、艺术字、SmartArt、声音、图表等各种元素的操作。

实验内容

2020 年 8 月 11 日,习近平总书记作出重要指示,强调坚决制止餐饮浪费行为,切实培养节约习惯,在全社会营造浪费可耻、节约为荣的氛围。在高校中食物浪费的现象还时有发生,为了培养同学们珍惜食物、勤俭节约的良好美德,学院要求各班开展一次"光盘行动,你我参与"主题班会,请你制作一份演示文稿用于班级主题会。利用网络查找有关"光盘行动"的 PPT 素材,并将查找下载的演示文稿或素材快速组成一个新的符合自己需求的电子演示文稿。利用艺术字、SmartArt 图形、图表等幻灯片对象为创建的演示文稿"光盘行动主题会.pptx"添加目录以及数据分析等内容,让演示文稿更加丰富,如图 4-14 所示。

图 4-14　光盘行动主题会效果图

1. 新建一个空白演示文稿,第一张幻灯片版式为标题幻灯片;主标题内容为"光盘行动,你我参与",字体为"华文新魏,72",将其设为艺术字,样式为"填充-橙色,着色 2,轮廓-着色 2",文本效果为发光-橙色,5 pt 发光,个性色 2;副标题内容为"教育与艺术学院",字体设为"华文新魏,加粗,48",右对齐;插入"光盘图片 1.jpg",调整大小,并将其放置到左上角,如图 4-15 所示,保存将其命名为"光盘行动主题班会.pptx"。

图 4-15　标题幻灯片效果图

2. 添加一张空白版式的幻灯片,输入艺术字"目录"两字,字体设为"等线(正文),加粗,54",将其样式设为"填充-橙色,着色 2,轮廓-着色 2";插入一个"垂直曲形列表"的 SmartArt 图形,图形颜色为"彩色范围-个性色 5 至 6",样式为"强烈效果",添加编号,详细内容见图 4-16。

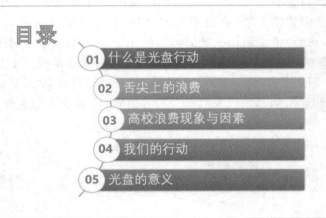

图 4-16　第二张幻灯片效果图

3. 添加一张版式为"仅标题"的幻灯片,标题内容为"01 什么是光盘行动?",标题下方左侧插入云形标注,填充色为"无",边框颜色为"橙色,个性色 2",粗细为 2.25 磅,内容见图 4-17;右侧插入"光盘图片 2.jpg",大小为原来的 80%,位置:水平位置为左上角 20 厘米,垂直位置为左上角 3 厘米。

图 4-17　第三张幻灯片效果图

4. 添加一张版式为"仅标题"的幻灯片,标题内容为"01 什么是光盘行动?",下方插入组合图形及文本框,如图 4-18 所示,其中向下箭头的填充颜色为"白色,背景 1,深色 50%",五边形的颜色为"蓝色,个性色 1";形状轮廓为无。

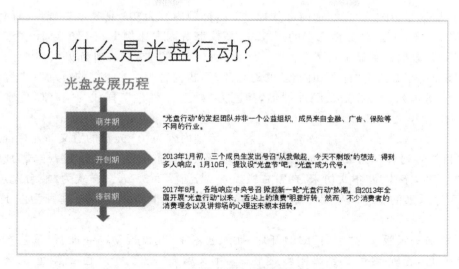

图 4-18　第四张幻灯片效果图

5. 添加一张版式为"两栏内容"的幻灯片,标题内容为"02 舌尖上的浪费",左栏添加文本内容详见图 4-19 所示;右栏插入一个"循环矩阵"的 SmartArt 图形,更改颜色为"彩色,个性色"。

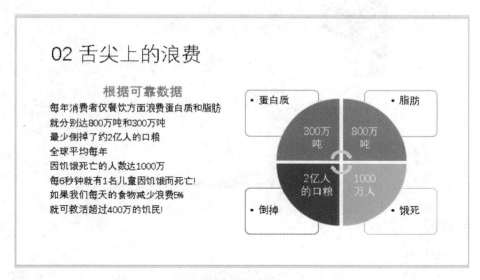

图 4-19　第五张幻灯片效果图

6. 添加一张版式为"仅标题"的幻灯片,标题内容为"02 舌尖上的浪费",下方左侧插入一个文本框;右侧添加 3 张名为"舌尖上浪费 1.jpg""舌尖上浪费 2.jpg""舌尖上浪费 3.jpg"的图片,将图片 1 样式设为"旋转,白色",图片 2 样式设为"圆形对角,白色",图片 3 样式设为"剪去对角,白色"。

7. 添加一张版式为"两栏内容"幻灯片,标题内容为"03 高校浪费现象与因素";左栏添加文本内容,右栏插入图片"舌尖上浪费 4.jpg",图片大小调整为高度 8 厘米,宽度为 12 厘米,不锁定纵横比,并为图片添加题注。

8. 添加一张版式为"标题和内容"的幻灯片,标题内容为"03 高校浪费现象与因素";内容占位符中插入一张"带数据标记的折线图"高校浪费因素比例 Excel 图表,图表布局为布局 3,无标题,数据标签显示在下方。

9. 添加一张版式为"标题和内容"的幻灯片,标题内容为"04 我们的行动";内容占位符插入一个"基本列表"的 SmartArt 图形,颜色为"彩色-个性色";样式为"三维:优雅",添加文本,字体为"华文仿宋,32"。

10. 添加一张版式为"两栏内容"的幻灯片,标题内容为"05 光盘的意义";左栏插入一个"水平项目符号列表"的 SmartArt 图形,颜色为"彩色范围-个性色 4 至 5";样式为"中等效果",添加文本,字体为"华文仿宋,18";右栏插入"光盘行动 3.jpg",样式为"棱台左透视,白色",高度为原来的 70%,宽度为原来的 55%,水平为左上角 19 厘米,垂直为左上角 6.5 厘米。

11. 添加一张版式为"空白"的幻灯片,插入艺术字"光盘行动""我能行!",艺术字样式为"填充-白色,轮廓-着色 2,清晰阴影-着色 2",本文填充"橙色,个性色 2,淡色 60%";文本转换效果分别为上弯弧和下弯弧,发光变体:橙色,8 pt 发光,个性色 2,字体:华文新魏,96;插入"光盘行动 4.jpg"和"加油.jpg",摆放位置如图 4-20 所示。

图 4-20　第十一张幻灯片效果图

实验步骤

第一张幻灯片:

步骤(1):启动 PowerPoint 2016,单击"空白演示文稿",进入演示文稿 1 界面,默认第一张为标题幻灯片,单击标题输入"光盘行动,你我参与",选择文字,单击"开始"→"字体"组将文字格式设置为华文新魏、72;单击"绘图工具"→"格式"→"艺术字样式"组中选择"填充-橙色,着色 2,轮廓-着色 2",如图 4-21 所示;单击文本效果→"发光"→"发光变体:橙色,5 pt 发光,个性色 2"命令,如图 4-22 所示,并调整其位置。

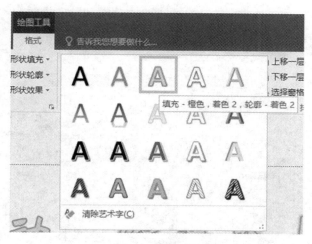

图 4-21　艺术字样式设置

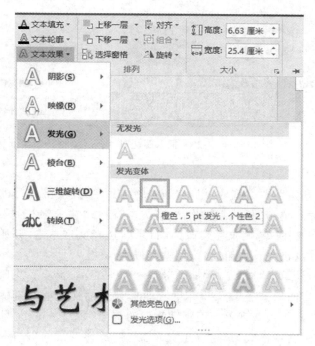

图 4-22　艺术字发光效果设置

步骤(2)：副标题输入"教育与艺术学院"，选择文字单击"开始"→"字体"组中将文字格式设置为华文新魏，加粗，48 磅；单击"段落"组→"右对齐"命令。单击"插入"→"图像"组→"图片"命令，打开"插入图片"对话框，如图 4-23 所示，选择素材"光盘图片 1.jpg"，单击"插入"按钮，调整大小，将图片摆放在左上角。(注：若图片背景为白色时可以单击图片工具"格式"选项卡→"调整"组→"颜色"下拉按钮选择"设置透明色"命令。)

步骤(3)：单击"文件"选项卡→"保存"，选择保存的路径，输入文件名，单击保存。

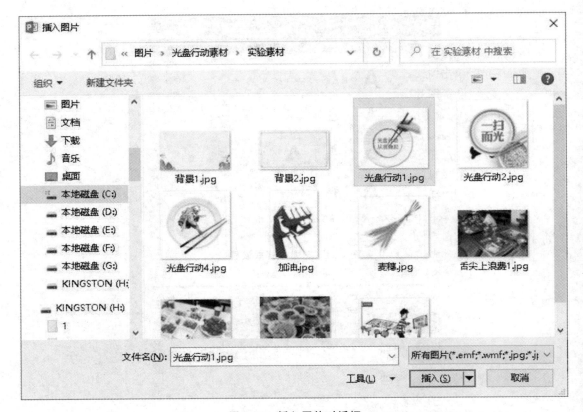

图 4-23　插入图片对话框

第二张幻灯片：

步骤(1)：单击"开始"→"幻灯片"组→"新建幻灯片"下拉按钮，选择"空白"命令，新建一张新的"空白"幻灯片。单击"插入"选项卡→"文本"组→"艺术字"下拉按钮选择"填充-橙色，着色 2，轮廓-着色 2"命令，将文字修改为"目录"，选择文字单击"开始"→"字体"组中将文字格式设置为"等线(正文)，加粗，54"，调整其位置。

步骤(2)：在空白处单击"插入"→"插图"组→"SmartArt"命令，打开"选择 SmartArt 图形"对话框，单击"垂直曲形列表"命令，在垂直曲形列表的文本框分别输入"什么是光盘行动""舌尖上的浪费""高校浪费现象与因素""我们的行动""光盘的意义"，选取文字单击，"开始"→"字体"组中设置文字格式为等线(正文)、32 磅；选择 SmartArt 图形，在 SmartArt 工具单击 SmartArt 设计→"更改颜色"下拉按钮中选择彩色中的"彩色范围-个性色 5 至 6"命令，"SmartArt 样式"选择"强烈效果"命令；单击"插入"→"文本"组→"文本框"命令输入"01"，复制编号到 05，调整位置，如图 4-16 所示。

第三张幻灯片：

步骤(1)：单击"开始"→"幻灯片"组→"新建幻灯片"下拉按钮，选择"仅标题"命令，新建一张新的"仅标题"幻灯片；单击"标题"，输入文字"01 什么是光盘行动？"。

步骤(2)：单击"插入"选项卡→"插图"组→"形状"下拉按钮选择"云形标注"命令，将图形放置在标题下方左侧，选择图形，在绘图工具单击"格式"→"形状填充"下拉按钮中选择

"无颜色填充"命令,在"形状轮廓"颜色设置为"橙色,个性色 2",粗细为 2.25 磅;输入文字,调整图形,如图 4-17 所示。

步骤(3):单击"插入"→"图像"组→"图片"命令,打开"插入图片"对话框,选择素材"光盘图片 2.jpg",单击"插入"按钮,将图片摆放在标题右下方,选择图片右击选择"大小和位置"命令,显示"设置图片格式"窗格,将缩放高度和宽度调为 80%,位置:水平位置为 20 厘米,左上角;垂直位置为 3 厘米,左上角,效果如图 4-17 所示。

第四张幻灯片:

步骤(1):单击"开始"→"幻灯片"组→"新建幻灯片"下拉按钮,选择"仅标题"命令,新建一张新的"仅标题"幻灯片;单击"标题",输入文字"01 什么是光盘行动?"。

步骤(2):单击"插入"→"文本"组→"文本框"下拉按钮选择横排文本框命令,输入相应文字,并按图 4-18 适当调整字体大小、颜色以及位置。

步骤(3):单击"插入"选项卡→"插图"组→"形状"下拉按钮选择"五边形"命令,调整位置,输入文字"萌芽期",选择"五边形",在绘图工具单击"格式"→"形状填充"下拉按钮中主题颜色选择"蓝色,个性色 1";复制两个五边形,分别将文字修改为"开创期""徘徊期",并调整其位置。

步骤(4):单击"插入"选项卡→"插图"组→"形状"下拉按钮选择"下箭头"命令,绘制图形,在绘图工具单击格式→"形状填充"下拉按钮中主题颜色选择"白色,背景 1,深色50%";在"形状轮廓"下拉按钮选择"无轮廓"命令;效果如图 4-18 所示。

第五张幻灯片:

步骤(1):单击"开始"→"幻灯片"组→"新建幻灯片"下拉按钮,选择"两栏内容"命令,新建一张新的"两栏内容"幻灯片;单击"标题",输入文字"02 舌尖上的浪费"。

步骤(2):单击左栏"单击此处添加文本",输入文字,内容如图 4-19 所示。

步骤(3):选择右栏单击"插入 SmartArt 图形"命令,打开"选择 SmartArt 图形"对话框,单击"选择"→"循环矩阵"→"确定"按钮,在 SmartArt 工具单击"设计"→"更改颜色"下拉按钮中颜色选择"彩色:彩色-个性色";输入文字,内容如图 4-19 所示。

第六张幻灯片:

步骤(1):单击"开始"→"幻灯片"组→"新建幻灯片"下拉按钮,选择"仅标题"命令,新建一张新的"仅标题"幻灯片;单击"标题",输入文字"02 舌尖上的浪费"。

步骤(2):单击"插入"→"文本"组→"文本框"下拉按钮横排文本框,在标题下方左侧绘制文本框,输入相应文字。

步骤(3):单击"插入"→"图像"组→"图片"命令,打开"插入图片"对话框,选择素材"舌尖上浪费 1.jpg",单击"插入"按钮,将图片摆放在标题右下方,选择图片,在图片工具中单击"格式"→"图片样式"组→"其他"下拉按钮选择"旋转,白色"命令,如图 4-24 所示;依次插入图片"舌尖上浪费 2.jpg""舌尖上浪费 3.jpg",将图片样式分别设为"圆形对角,白色"和"剪去对角,白色",调整位置如图 4-25 所示。

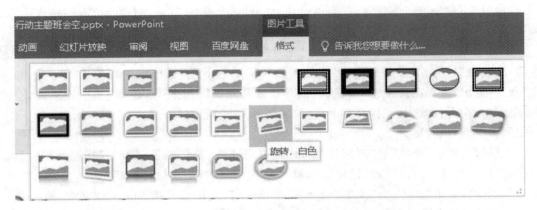

图 4-24　图片样式设置

图 4-25　第六张幻灯片效果图

第七张幻灯片：

步骤(1)：单击"开始"→"幻灯片"组→"新建幻灯片"下拉按钮,选择"两栏内容"命令,新建一张新的"两栏内容"幻灯片;单击"标题",输入文字"03 高校浪费现象与因素"。

步骤(2)：单击左栏"单击此处添加文本"输入文本内容,如图 4-26 所示。

步骤(3)：右栏单击"图片"命令,打开"插入图片"对话框,选择素材"舌尖上浪费 4.jpg",单击"插入"按钮,右击选择"大小和位置"命令显示设置图片格式窗格,取消锁定纵横比,高度设置为 8 厘米,宽度设置为 12 厘米,关闭窗格。

步骤(4)：单击"插入"→"文本"组→"文本框"下拉按钮选择横排文本框命令,将其放置在图片下方,输入相应文字,如图 4-26 所示。

图 4-26　第七张幻灯片效果图

第八张幻灯片：

步骤(1)：单击"开始"→"幻灯片"组→"新建幻灯片"下拉按钮,选择"标题和内容"命令,新建一张新的"标题和内容"幻灯片,单击"标题",输入文字"03 高校浪费现象与因素"。

步骤(2)：内容栏单击"插入图表"命令,选择"带数据标记的折线图"图表类型,在"Microsoft PowerPoint 中的图表"窗口中删除原有数据,输入影响的因素和比例,单击"图表工具中设计"选项卡→"数据"组→"选择数据"按钮,如图 4-27 所示,选取已输入的数据区域,切换行/列,单击"确定"按钮;单击"图表布局"组→"快速布局"下拉按钮,选择"布局 3"命令,单击"添加图表元素"下拉按钮,将"图表标题"设置为无,"数据标签"设置为下方,效果如图 4-28 所示。

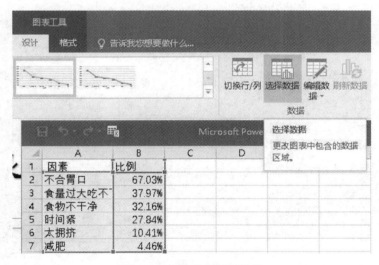

图 4-27　图表数据区域选择

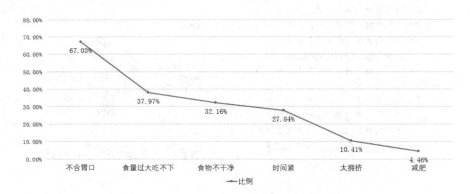

图 4-28　第八张幻灯片效果图

第九张幻灯片：

步骤（1）：单击"开始"→"幻灯片"组→"新建幻灯片"下拉按钮,选择"标题和内容"命令,新建一张新的"标题和内容"幻灯片,单击"标题"输入文字"04 我们的行动"。

步骤（2）：选择右栏单击"插入 SmartArt 图形"命令,打开"选择 SmartArt 图形"对话框,单击"列表"→"基本列表"→"确定"按钮,在 SmartArt 工具单击"设计"→"更改颜色"下拉按钮中颜色选择 "彩色-个性色";单击 "SmartArt 样式"下拉按钮选择"三维-优雅"命令;输入文本内容,选择 SmartArt 图形单击"开始"→"字体"组将文字格式设置为"华文仿宋,32",效果如图 4-29 所示。

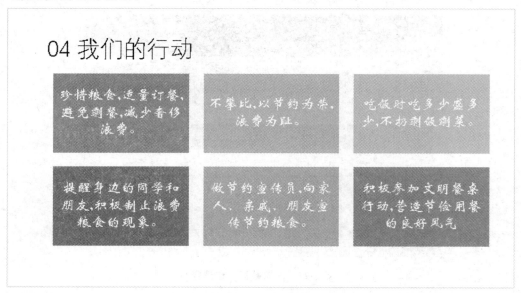

图 4-29　第九张幻灯片效果图

第十张幻灯片：

步骤(1)：单击"开始"→"幻灯片"组→"新建幻灯片"下拉按钮，选择"两栏内容"命令，新建一张新的"两栏内容"幻灯片；单击"标题"，输入文字"05 光盘的意义"。

步骤(2)：选择左栏单击"插入 SmartArt 图形"命令，打开"选择 SmartArt 图形"对话框，单击"列表"→"水平项目符号列表"→"确定"按钮，在 SmartArt 工具单击设计→"更改颜色"下拉按钮中颜色选择"彩色-个性色 4 至 5"命令；单击"SmartArt 样式"下拉按钮选择"中等效果"命令；选择图形，单击"开始"→"字体"组将文字格式设置为"华文仿宋，18"，效果图 4-30 所示。

步骤(3)：右栏单击"图片"命令，打开"插入图片"对话框，选择素材"光盘行动 3.jpg"，单击"插入"按钮，在图片工具中单击"格式"→"图片样式"组→"其他"下拉按钮选择"棱台左透视，白色"命令；右击选择"大小和位置"命令显示"设置图片格式"窗格，去掉锁定纵横比，缩放高度设置为 70%，缩放宽度设置为 55%；位置：水平位置设置为 19 厘米，左上角，垂直位置设置为 6.5 厘米，左上角，关闭窗格。

图 4-30　第十张幻灯片效果图

第十一张幻灯片：

步骤(1)：单击"开始"→"幻灯片"组→"新建幻灯片"下拉按钮，选择"空白"命令，新建一张新的"空白"幻灯片，单击"插入"→"文本"组→"艺术字"下拉按钮选择"填充-白色，轮廓-着色 2，清晰阴影-着色 2"(第 3 行第 4 列)命令，输入文字"光盘行动"；单击绘图工具"格式"→"艺术字样式"组→"文本填充"下拉按钮选择"橙色，个性色 2，淡色 60%"命令；单击"文本效果"下拉按钮"转换"→"跟随路径：上弯弧"命令；单击"文本效果"下拉按钮"发光"→"发光变体：橙色，8 pt 发光，个性色 2"命令；单击"开始"→"字体"组将文字格式设置为"华文新魏，96"；按此方法设置"我能行！"，调整位置如图 4-20 所示。

步骤(2)：单击"插入"→"图像"组→"图片"命令，打开"插入图片"对话框，选择素材"光盘行动 4.jpg",单击"插入"按钮;再次插入图片"加油.jpg",调整位置如图 4-20 所示。

实验拓展

因求职需求要在 PowerPoint 2016 中创建一份"个人简历.pptx"演示文稿,并保存在 D 盘中,效果如图 4-31 所示。

图 4-31 个人简历效果图

1. 制作标题幻灯片,要求:

标题插入文字"个人简历",文字为分散对齐,字体为"华文楷体,96,加粗";艺术字的样式为"填充:橙色,主题色 2";文本轮廓为"橙色,主体色 2",阴影为"内部上方";副标题为应聘人本人姓名,文字居中对齐,字体为"楷体,60,加粗"。

2. 设计演示文稿第二页的内容,要求:

幻灯片版式设置为"空白";在幻灯片中插入 SmartArt 图形,选择列表中"线性列表";文本"目录"字体为"华文楷体,80,加粗";其余文本字体为"华文楷体",字号 28,加粗;SmartArt 图形颜色更改为"彩色-个性色"。

3. 设计演示文稿第三页的内容,要求:

幻灯片版式设置为"两栏内容";标题字体为"华文楷体,44,加粗";左侧内容栏插入图片;右侧内容栏输入个人相关的基本信息,字体为"华文楷体,24",行间距为 1.2 倍,项目符号"无"。

4. 设计演示文稿第四页的内容,要求:

幻灯片版式设置为"标题和内容";标题字体为"华文楷体,44,加粗";内容中插入表格,表格字体内容字体为"华文楷体,24";表格样式为"中度样式-强调 1"。

5. 设计演示文稿第五页、第六页、第七页的内容,要求:

幻灯片版式设置为"标题和内容";标题字体为"华文楷体,44,加粗";内容字体为"华文楷体,28",1.5 倍行间距,项目符号为"➤"。

实验 4-2　美化电子演示文稿

实验目的

1. 掌握演示文稿母版的设置；
2. 掌握演示文稿主题的设置；
3. 掌握幻灯片的背景设置。

实验内容

为了制作的"光盘行动主题班会.pptx"在外观上更加精美，可以对幻灯片的外观进行设置。在 PowerPoint 2016 中用户可通过设置幻灯片的版式、母版、主题以及背景来改变演示文稿的外观，效果如图 4-32 所示。

图 4-32　光盘行动主题会美化效果图

1. 将幻灯片母版名称修改为"光盘行动"，将"麦穗.jpg"放置在幻灯片母版左上角（标题幻灯片除外）。

2. 将标题和内容版式、两栏内容版式和仅标题版式的标题应用为艺术字样式"填充-灰色-50％，着色3，锋利棱台"，字体为"华文新魏，54"，并将"背景2.jpg"设置为背景。

3. 将"背景1.jpg"设置为标题幻灯片版式和空白幻灯片版式的背景。

4. 删除未应用的其他版式。

5. 将第二张幻灯片应用"丝状"主题。

实验步骤

步骤(1):单击"视图"选项卡→"母版视图"组→"幻灯片母版"按钮,在幻灯片母版视图中,单击"幻灯片母版"→"编辑母版"→"重命名"按钮,弹出"重命名版式"对话框,将名称修改为"光盘行动",如图 4-33 所示,单击"重命名"按钮。

图 4-33 母版重命名

单击"插入"→"图像"组→"图片"命令,打开"插入图片"对话框,选择素材"麦穗.jpg",单击"插入"按钮;调整图片至左上角;单击标题幻灯片版式,右击选择"设置背景格式"命令,显示"设置背景格式"窗格,选择隐藏背景图形,如图 4-34 所示。

图 4-34 设置背景格式窗格

步骤(2):单击标题和内容版式,选择标题栏单击绘图工具"格式"→"艺术字样式"组→"其他"下拉按钮选择"填充-灰色-50%,着色 3,锋利棱台"命令(第 2 行第 5 列);单击"开始"→"字体"组将字体设为"华文新魏,54"。右击空白处弹出快捷菜单,选择"设置背景格式"命令,显示"设置背景格式"窗格,选择"图片或纹理填充"→"插入图片来自"→"文件",打开"插入图片"对话框,选择"背景 2.jpg",单击"插入";按此方法依次设置两栏内容版式、仅标题版式。

步骤(3)：单击标题幻灯片版式,右击弹出快捷菜单选择"设置背景格式"命令,显示"设置背景格式"窗格,选择"图片或纹理填充"→"插入图片来自"→"文件",打开"插入图片"对话框,选择"背景1.jpg",单击"插入";同样方法设置空白幻灯片版式的背景。

步骤(4)：按住Ctrl键依次单击未应用的版式,右击弹出快捷菜单选择删除版式,关闭母版视图。

步骤(5)：选择第二张幻灯片单击"设计"选项卡→"主题"组→"其他"下拉按钮选择"丝状",右击弹出快捷菜单选择"应用于选定幻灯片"命令;效果如图4-32所示。

拓展实验

打开D盘的电子演示文稿"个人简历.pptx",利用幻灯片母版、主题与背景的方法美化电子演示文稿效果,如图4-35所示。

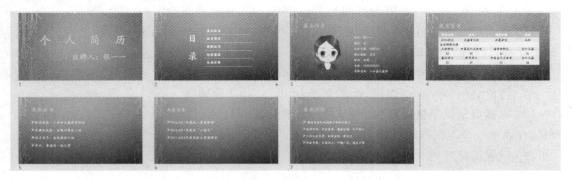

图4-35　个人简历美化效果图

1. 将母版标题设置为"填充-橙色,着色2,轮廓-着色2"艺术字样式,字号为48,加粗。
2. 将幻灯片的主题设置为"电路",背景样式设置为"样式7",应用于所有幻灯片。
3. 将演示文稿第一张标题幻灯片背景格式设为"渐变填充",预设渐变中的"径向渐变,个性色5",类型为射线,方向为从中心。

实验 4-3　动画设计与放映

实验目的

1. 熟练掌握演示文稿中对象的动画设置;
2. 掌握演示文稿幻灯片切换的设置;
3. 掌握演示文稿幻灯片的超链接与动作按钮的设置;
4. 掌握演示文稿的放映方式设置。

实验内容

为了"光盘行动主题班会.pptx"演示文稿更加生动有趣,吸引同学的注意力,可以对幻灯片对象添加动画、设置幻灯片切换的方式让幻灯片动起来。同时可以用超链接或动作按钮实现幻灯片之间的交互跳转,通过设置放映方式改变放映方式及顺序等,满足演讲者在演讲过程各种所需。

1. 将演示文稿所有标题包括副标题添加进入形状动画,效果选项:方向为切入,形状为菱形,开始时间为上一动画之后,持续时间 2 秒。

2. 将目录幻灯片(第二张)所有对象添加进入随机线条动画,其中 SmartArt 图形效果选项:水平,逐个,开始时间为上一动画之后;其余对象效果选项按默认;根据需要调整对象之间的动画顺序以及时长。

3. 将演示文稿所有除目录幻灯片外所有 SmartArt 图形、图表和图片添加进入轮子动画,效果选项:1 轮辐图案,开始时间为上一动画之后,持续时间为 3 秒。

4. 将演示文稿除目录幻灯片外所有内容文本、文本框添加进入随机线条动画,效果选项:方向水平,序列按段落,开始时间为上一动画之后,持续时间为 3 秒。

5. 将最后一张幻灯片的艺术字添加进入缩放动画,开始时间为上一动画之后,持续时间为 2 秒;同时添加强调补色,开始时间为上一动画之后,持续时间 2 秒。

6. 调整每张幻灯片各个对象的动画顺序,以强化演讲效果。

7. 将所有幻灯片自动切换,效果设置为"动态内容:旋转"。

8. 根据目录文字链接到相应的幻灯片;除标题幻灯片、目录、最后一张幻灯片外,其余幻灯片添加一个返回目录按钮。

9. 设置幻灯片的放映方式为展台浏览。

实验步骤

步骤(1):选择第一张幻灯片单击标题占位符,单击"动画"选项卡→"动画"组→"其他"下拉按钮选择"形状"命令,"效果选项"下拉按钮单击方向:切入,形状:菱形;"计时"组→"开始"设置为"上一动画之后","持续时间"设置为"02:00",如图 4-36 所示;利用"高级动画"组里的"动画刷"将其他标题设置为相同的动画,方法与格式刷相同。

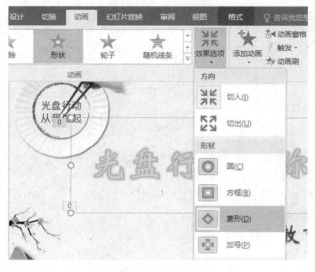

图 4-36　动画设置

步骤(2):动画设置如同步骤(1);动画设置完毕之后,单击"动画"选项卡→"高级动画"组→"动画窗格"命令,显示动画窗格,调整对象之间顺序以及时长和播放顺序,如图 4-37 所示。

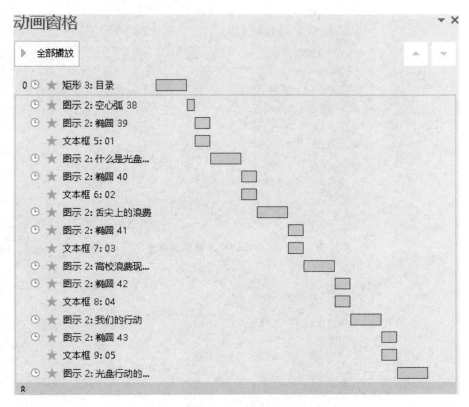

图 4-37　目录对象动画顺序

步骤(3):按步骤(1)方法设置 SmartArt 图形、图表和图片的动画。

步骤(4):按步骤(1)方法设置内容文本、文本框的动画。

步骤(5):选择最后一张幻灯片的"光盘行动"艺术字,单击"动画"选项卡→"动画"组→"其他"下拉按钮选择进入:缩放命令;"计时"组→"开始"设置为"上一动画之后","持续时间"设置为"02:00";单击"高级动画"组→"添加动画"下拉按钮中选择强调:补色命令,开始设置与持续时间设置如上;利用动画刷将其他艺术字设置为相同的动画效果。

步骤(6):利用动画窗格调整每张幻灯片的对象动画顺序达到播放效果,第四张幻灯片的动画顺序如图 4-38 所示,最后一张幻灯片的动画顺序如图 4-39 所示。

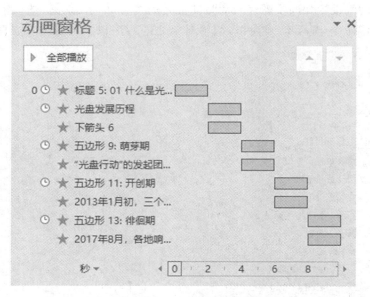

图 4-38　第四张幻灯片动画顺序图

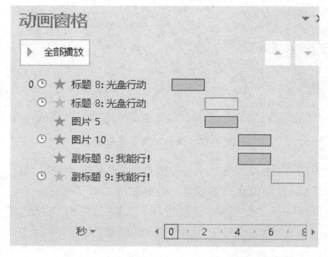

图 4-39　最后一张幻灯片动画顺序

　　步骤(7)：单击"切换"选项卡→"切换到此幻灯片"组→"其他"下列按钮选择"动态内容：旋转"命令，单击"计时"组→"换片方式"选择"设置自动换片时间"命令(时间按默认)，单击"全部应用"命令。

　　步骤(8)：选择目录幻灯片"什么是光盘行动"文字单击"插入"选项卡→"链接"组→"超链接"打开"插入超链接"对话框，选择"文本档中的位置"中第三张"01 什么是光盘行动"单击"确定"按钮，如图 4-40 所示；按此方法设置目录中其他超链接。单击"视图"选项卡→"母版视图"组→"幻灯片母版"，进入母版视图，选择"标题和内容版式"单击"插入"选项卡→"插图"组→"形状"下列按钮选择"动作按钮：自定义"命令，放置在右下角，弹出"操作设置"对话框，选择"单击鼠标"选项卡，"超链接到"中选择"幻灯片..."，弹出"超链接到幻灯片"对话框，选择"2. 幻灯片 2"单击"确定"按钮,如图 4-41 所示;右击弹出快捷菜单选择"编辑文字",输入"返回";复制动作按钮,放置到其他版式,关闭母版视图。

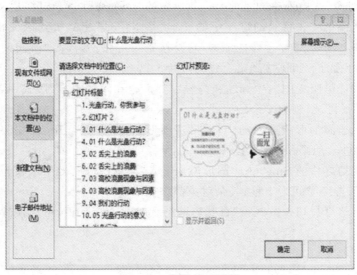

图 4-40 超链接对话框

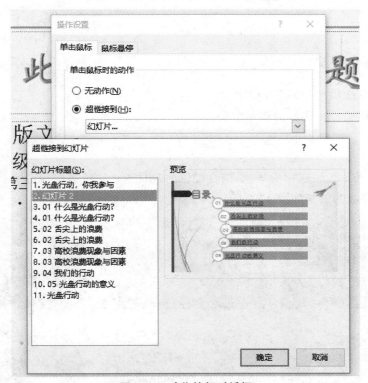

图 4-41 动作按钮对话框

步骤(9):单击"幻灯片放映"选项卡→"设置"组→"设置幻灯片放映"命令,打开"设置放映方式"对话框,选择放映类型为"在展台浏览(全屏幕)",单击"确定"按钮。

拓展实验

利用动画、切换、链接等功能完善上一节所做的"个人简历.pptx"演示文稿,要求如下:

1. 将演示文稿第二张目录幻灯片中的文本"基本信息"超链接到第三张幻灯片;"教育背景"超链接到第四张幻灯片;"技能证书"超链接到第五张幻灯片;"所获荣誉"超链接到第六张幻灯片;"自我评价"超链接到第七张幻灯片。

2. 进入幻灯片母版视图,在"标题和内容"与"标题和两栏内容"版式中各添加一个动作按钮返回到第二张目录,删除多余的版式。

3. 将母版标题添加形状进入动画,效果选项形状为"方框",开始:"上一动画之后";内容添加随机线条进入动画,开始:"上一动画之后"。

4. 为第二张幻灯片的 SmartArt 图形添加进入"棋盘"动画,效果选项为"逐个",开始为"上一动画之后",持续时间为 2 秒;其余对象都添加。

5. 设置所有幻灯片切换方式为"百叶窗",持续时间为 1.5 秒,自动换片时间为 3 秒;保存演示文稿。

实验 4-4　电子相册的制作

实验目的

1. 掌握演示文稿电子相册的制作;
2. 掌握利用模板创建新的演示文稿。

实验内容

利用 PowerPoint 新建相册功能,结合提供的素材图片快速制作一份演示文稿宣传闽西的旅游景点。完成的效果如图 4-42 所示。

图 4-42　电子相册效果图

1. 使用素材中的 6～15 图片创建图片版式为 2 张图片、相框形状为"圆角矩形"的电子相册。

2. 设置演示文稿的所有幻灯片的背景为渐变填充〔颜色从 RGB(42,105,162)渐变到 RGB(157,195,230)〕。

3. 为第 2～6 张幻灯片上的图片插入文本框标题，左侧文本框放置于图片的上方，右侧文本框放置于图片的下方，文字内容为图片的名称，文字格式设置为"等线（正文）、28 磅"，颜色为"橙色，个性色 2"。

4. 在首页幻灯片中的标题占位符中输入文字"美丽闽西"，格式设置为"等线（正文）、80 磅"；艺术字效果设置为"填充-橙色，着色 2，轮廓-着色 2"。

5. 在首页幻灯片中插入素材中的 1～5 图片，调整图片至适当的大小。中间为图 1；左一位置为图 5，图片样式设置为"柔化边缘椭圆"效果；左二位置为图 4，图片样式设置为"旋转，白色"效果；右一位置为图 2，图片样式设置为"剪去对角，白色"效果；右二位置为图 3，图片样式设置为"映象圆角矩形"效果。

6. 首页幻灯片的中部图片设置超链接，链接到第二张幻灯片，左一图片链接到第六张幻灯片，左二图片链接到第五张幻灯片，右一图片链接到第三张幻灯片，右二图片链接到第四张幻灯片；在幻灯片母版中插入动作按钮"动作按钮：第一张"，链接到演示文稿的首页。

7. 将演示文稿保存为"电子相册.potx"模板文件。

8. 利用"电子相册.potx"模板文件创建一个新演示文稿，保存为"电子相册 2.pptx"文件。

实验步骤

步骤（1）：启动 PowerPoint 软件，单击"新建"→"空白演示文稿"命令，创建一个空白演示文稿。单击"插入"→"图像"组→"相册"→"新建相册"命令，打开"相册"对话框，单击对话框上的"文件/磁盘"按钮，打开"插入新图片"对话框，打开下载的素材图片保存的路径，单击"6 古田会议"图片，按住键盘上的 Shift 键，再单击"15 永定土楼"图片，即连续选取了标号 6～15 的图片，如图 4-43 所示。单击"插入"按钮，返回"相册"对话框，在相册版式中选择"图片版式"为"2 张图片"，"相框形状"为"圆角矩形"，如图 4-44 所示，单击"创建"按钮，建立一个背景色为黑色的共有 6 张幻灯片的演示文稿。

图 4-43 "插入图片"对话框

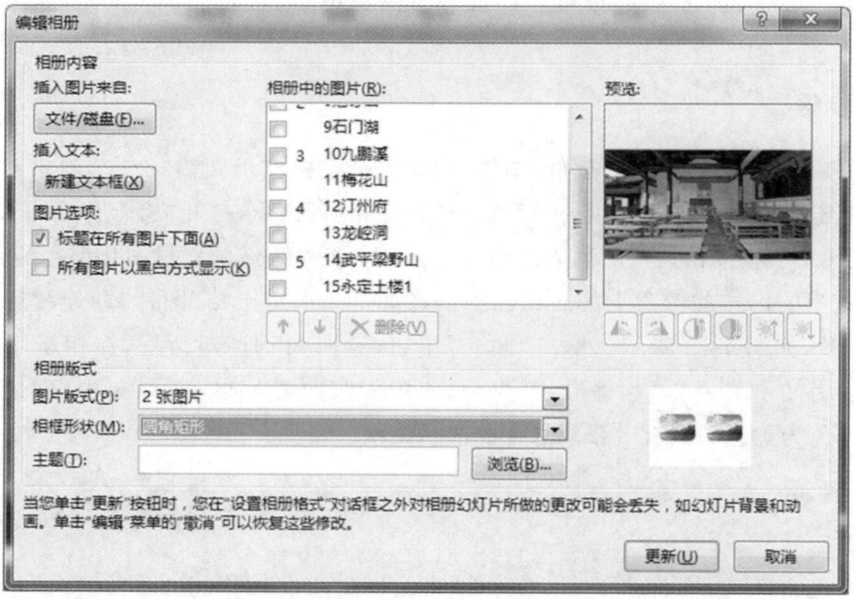

图 4-44 "相册"对话框

步骤（2）：单击"设计"→"自定义"组→"设置背景格式"命令，打开"设置背景格式"任务窗格，如图 4-45 所示；选择"渐变填充"，单击"渐变光圈"左侧第一个 □，单击"颜色"右侧下拉按钮,打开"颜色"对话框,颜色值设置为 RGB(42,105,162),如图 4-46 所示;选择"渐变光圈"右侧第一个 $\square$,同样的方法将颜色值设置为 RGB(157,195,230),单击"应用到全部"按钮,完成所有幻灯片背景的设置。

图 4-45 "设置背景格式"任务窗格

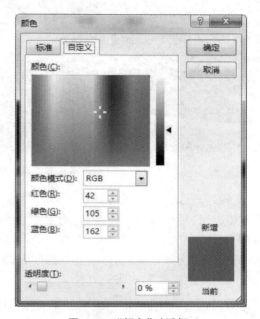

图 4-46 "颜色"对话框

步骤(3):选择第 2 张幻灯片,在左侧图片上方单击"插入"→"文本"组→"文本框"下拉按钮,选择"绘制横排文本框"命令,在幻灯片左侧图片上方按住鼠标左键后拖动鼠标绘制一个文本框,在该文本框中输入素材中该图片的名称;选择文本,在"开始"→"字体"组中设置文字格式为"等线(正文)、28 磅",颜色为"橙色,个性色 2";右侧的文本框类似操作,但是位置放置于在图片的下方;第 3~6 张幻灯片执行相同操作。

步骤(4):选择第一张幻灯片,单击标题,将文字修改为"美丽中国",选择文本,在"开始"→"字体"组中将文字格式设置为"等线(正文)、80 磅";单击"绘图工具"→"格式"→"艺术字样式"组中选择"填充-橙色,着色 2,轮廓-着色 2",将标题拖动到幻灯片的上部。

步骤(5):单击"插入"→"图像"组→"图片"命令,打开"插入图片"对话框,连续选择素材中 1~5 图片,单击"插入"按钮,插入 5 张图片,按照图 4-47 所示的效果调整插入图片的大小,设置布局。

选择左一图片,单击"图片工具"→"格式"→"图片样式"组→"其他"下拉按钮选择"柔化边缘椭圆"命令;其他 4 张图片执行类似操作,左二图片设置为"旋转,白色"效果,右一图片设置为"剪去对角,白色"效果,右二图片设置为"映象圆角矩形"效果。

图 4-47 第一张幻灯片效果图

步骤（6）：选择第一张幻灯片的中间图片，单击"插入"→"链接"组→"链接"命令，打开"插入超链接"对话框，在"链接到"列表中选择"本文档中的位置"，在"请选择文档中的位置"列表中选择"2. 幻灯片 2"，如图 4-48 所示，单击"确定"按钮。其余 4 张图片执行类似操作，左一图片链接到第六张幻灯片，左二图片链接到第五张幻灯片，右一图片链接到第三张幻灯片，右二图片链接到第四张幻灯片。

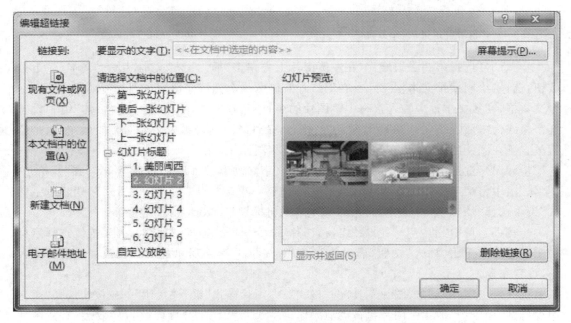

图 4-48 "插入超链接"对话框

单击"视图"→"母版视图"组→"幻灯片母版"命令,打开幻灯片母版视图,选择空白版式(由幻灯片 2~6 使用),单击"插入"→"插图"组→"形状"下拉按钮,选择"动作按钮"→"动作按钮:第一张"命令,鼠标呈现黑色实心十字,按住鼠标左键在幻灯片右下角拖动鼠标绘制"动作按钮:第一张"图形 ，松开鼠标,弹出"操作设置"对话框,单击"确定"按钮。

单击"幻灯片母版"→"关闭"组→"关闭母版视图"命令,返回普通视图。

步骤(7):单击"文件"→"另存为"→"浏览"命令,打开"另存为"对话框,选择保存的路径为"C:\Users\admin\Documents\自定义 Office 模板",在"保存类型"右侧的下拉列表中选择"PowerPoint 模板(＊.potx)",文件名输入"电子相册",单击"保存"按钮,保存模板文件。

步骤(8):单击"新建"→"个人"→"电子相册"命令,如图 4-49 上图所示,弹出对话框,如图 4-49 下图所示,单击"创建"按钮,完成新演示文稿的创建。

图 4-49　利用模板文件创建演示文稿

单击"文件"→"另存为"→"浏览"命令,打开"另存为"对话框,选择文件保存的路径,输入文件名为"电子相册 2.pptx",单击"保存"按钮,保存文件。

扩展实践

习题1：下载第四章习题素材文件夹中的演示文稿"yswg1.pptx"，按照下列要求完成对此文稿的修饰并保存。

(1)为整个演示文稿应用"平面"主题，放映方式为"观众自行浏览"。

(2)在第一张幻灯片前插入版为"两栏内容"的新幻灯片，标题为"北京市出租车每月每车支出情况"，将第四章习题素材文件夹中的图片文件"ppt1.jpg"插入第一张幻灯片右侧内容区，将第二张幻灯片第二段文本移到第一张幻灯片左侧内容区，图片动画设置为"进入/十字形扩展"，效果选项为"切出"，文本动画设置为"进入/浮入"，效果选项为"下浮"。

(3)第二张幻灯片的版式改为"竖排标题与文本"，标题为"统计样本情况"。

(4)第四张幻灯片前插入版式为"标题幻灯片"的新幻灯片，主标题为"北京市出租车驾驶员单车每月支出情况"，副标题为"调查报告"。

(5)第五张幻灯片的版式改为"标题和内容"，标题为"每月每车支出情况表"，内容区插入13行2列的表格，第1行第1、2列内容依次为"项目"和"支出"，第13行第1列的内容为"合计"，其他单元格内容根据第三张幻灯片的内容，按项目顺序依次填入。

(6)删除第三张幻灯片，前移新的第三张幻灯片，使之成为第一张幻灯片。

习题2：下载第四章习题素材文件夹中的演示文稿"yswg2.pptx"，按照下列要求完成对此文稿的修饰并保存。

(1)为整个演示文稿应用"丝状"主题，放映方式为"观众自行浏览"。

(2)在第一张幻灯片之前插入版式为"两栏内容"的新幻灯片，标题键入"山区巡视，确保用电安全可靠"；将第二张幻灯片的文本移入第一张幻灯片左侧内容区，将第四章习题素材文件夹中的图片文件"ppt2.jpg"插入第一张幻灯片右侧内容区，文本动画设置为"进入擦除"，效果选项为"自左侧"，图片动画设置为"进入/飞入"，效果选项为"自右侧"。

(3)将第二张幻灯片版式改为"比较"，将第三张幻灯片的第二段文本移入第二张幻灯片左侧内容区，将第四章习题素材文件夹中的图片文件"ppt3.jpg"插入第二张幻灯片右侧内容区。

(4)将第三张幻灯片的文本全部删除，并将版式改为"图片与标题"，标题为"巡线班员工清晨6时带着干粮进山巡视"，将第四章习题素材文件夹中的图片文件"ppt4.jpg"插入第三张幻灯片的内容区。

(5)第四张幻灯片在位置(水平：1.3厘米，自：左上角；垂直：8.24厘米，自：左上角)插入样式为"填充-深红，着色1，阴影"的艺术字"山区巡视，确保用电安全可靠"，艺术字宽度为23厘米，高度为5厘米，文字效果为"转换跟随路径-上弯弧"，使第四张幻灯片成为第一张幻灯片。

(6)移动第四张幻灯片使之成为第三张幻灯片。

习题3：下载第四章习题素材文件夹中的演示文稿"yswg3.pptx"，按照下列要求完成对此文稿的修饰并保存。

(1)在幻灯片的标题区中键入"中国的DXF100地效飞机"，文字设置为"黑体、加粗、54磅、红色(RGB模式：红色255，绿色0，蓝色0)"。

(2)插入版式为"标题和内容"的新幻灯片，作为第二张幻灯片。第二张幻灯片的标题内容为"DXF100 主要技术参数",文本内容为"可载乘客 15 人,装有两台 300 马力航空发动机。"。

(3)第一张幻灯片中的飞机图片动画设置为"进入/飞入",效果选项为"自右侧"。

(4)第二张幻灯片前插入一张版式为"空白"的新幻灯片,并在位置(水平:5.3 厘米,自:左上角;垂直:8.2 厘米,自:左上角)插入样式为"填充-蓝色,着色 2,轮廓-着色 2"的艺术字"DXF100 地效飞机",文字效果为"转换-弯曲-倒 V 形"。

(5)第二张幻灯片的"背景格式/填充"为:"渐变填充",类型为"射线",并将该幻灯片移为第一张幻灯片。

(6)将全部幻灯片切换方案设置为"时钟",效果选项为"逆时针"。放映方式为"观众自行浏览"。

第五章　计算机网络基础及应用

在我们的生活中,由铁路、公路、海运等组成的交通运输网把城市与乡镇连接在一起,传输人流和物流,构成了国家的经济命脉。而计算机网络则是把分布在不同地点的多个独立的计算机系统连接起来,传输数据流,让用户实现网络通信,共享网络上的软硬件系统资源和数据信息资源。

通过对本章的学习,可了解计算机网络的基础知识,掌握计算机网络相关基础应用;学会使用搜索引擎获取信息,以及在线 AI 处理的一些方法;学会利用网络应用协同多人工作的方法,利用计算机网络提升我们的工作效率。

实验 5-1　设置 IP 地址并测试网络连通状态

学校正在筹划开办一个红色革命专题活动,为此专门成立了一个筹备组,由新媒体中心李明负责主要工作。学校为筹备组配备了一间办公室,以及几台电脑、打印机和网络接入设施。那么如何使这些独立的设备能够联网使用,实现设备间的数据通信和资源共享呢?

实验目的

1. 掌握 IP 地址的设置方法;
2. 掌握测试网络连通状态的方法。

实验内容

1. 设置 IP 地址、子网掩码、默认网关和 DNS 服务器地址;
2. 使用 ping 命令测试网络的连通性。

实验步骤

1. 设置 IP 地址、子网掩码、默认网关和 DNS 服务器地址

步骤(1):打开"控制面板"窗口,修改"查看方式"为"大图标",选择"网络和共享中心"→"本地连接",弹出"本地连接状态"对话框,如图 5-1 所示。

图 5-1　"本地连接 状态"窗口

步骤(2)：在"本地连接状态"窗口中，单击"属性"→"Internet 协议版本 4(TCP/IPv4)"→"属性"，弹出 TCP/IPv4 属性窗口。选择"使用下面的 IP 地址"，输入对应的固定 IP 地址、子网掩码、默认网关和 DNS 服务器地址，即可完成 IP 地址等参数的设置，完成后效果如图 5-2 所示。

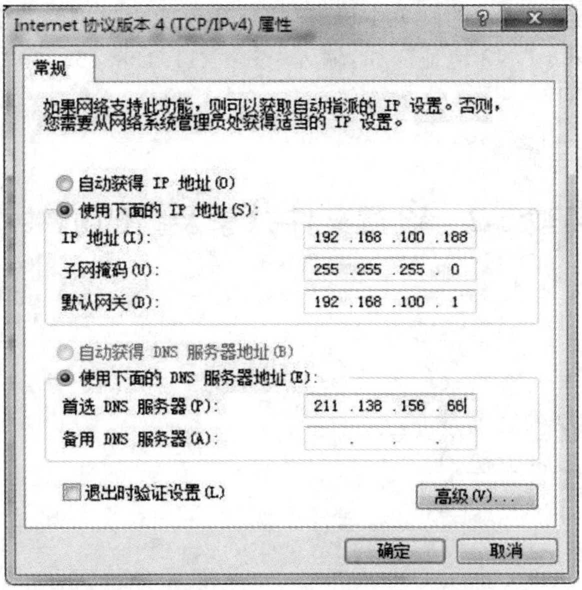

图 5-2　IPv4 属性窗口

2. 使用 ping 命令测试网络的连通性。

步骤(1):打开"开始"菜单,执行"所有程序"→"附件"→"命令提示符"(或使用快捷键"Windows 键+R",输入 cmd,并按回车)。在打开的命令窗口中,完成如下两个测试指令,测试指令如图 5-3 所示,并查看测试结果。

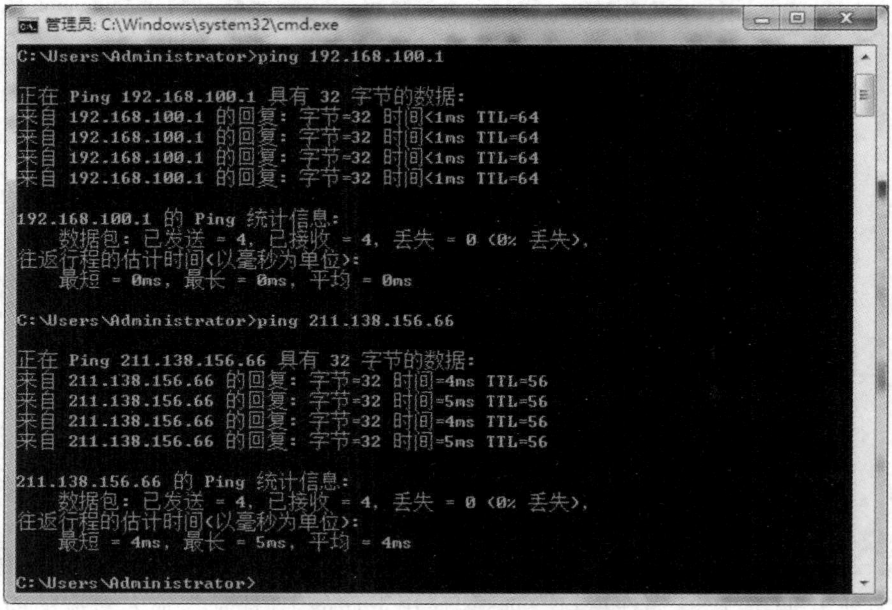

图 5-3 使用 ping 命令测试网络连通状态

步骤(2):输入"ping 默认网关地址",如:输入"ping 192.168.100.1",回车后,即可测试个人主机是否可正常连通本地的网关主机,无法连通说明内部网络不通。

步骤(3):输入"ping DNS 地址",如:输入"ping 211.138.156.66",回车后,即可测试主机是否可正常连接外网。

实验 5-2 设置文件共享及打印机共享

实验目的

1. 掌握文件夹共享的设置;
2. 掌握打印机共享的方法。

实验内容

1. 配置系统网络共享选项;
2. 设置和连接共享文件夹;
3. 设置和连接网络共享打印机。

实验步骤

1. 配置系统网络共享选项

步骤(1)：打开"控制面板"中的"网络和共享中心"，选择"更改高级共享设置"，如图 5-4 所示，根据需要配置相应的共享选项。

步骤(2)：打开"启用网络发现"后，才可在网络中找到其他计算机或设备，并可使自身被其他计算机发现。

步骤(3)：打开"启用文件和打印机共享"后，本机共享的文件和打印机才可被其他用户访问。

步骤(4)：打开"启用密码保护共享"后，访问本机共享文档和打印机时，需要输入本机的用户名和密码进行身份验证。

图 5-4　"高级共享设置"窗口

2. 设置和连接共享文件夹

步骤(1)：在 D 盘中新建一个以自己学号命名的文件夹，右击该文件夹，选择"属性"→切换到"共享"选项卡，打开"共享"属性窗口，如图 5-5 所示。

图 5-5　"共享"选项卡窗口

步骤（2）：单击"共享"按钮，在弹出的对话框中，添加"Everyone"用户（选择 Everyone 用户，目的是降低权限，让所有用户都能访问），设置权限级别为"读取/写入"，最后单击"共享"按钮，即可完成文件夹共享，结果如图 5-6 所示。

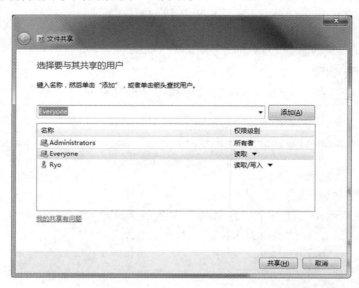

图 5-6　"文件共享"对话框

步骤（3）：在同网络下其他计算机的任意窗口地址栏中，输入"\\IP 地址"或"\\计算机名"，如"\\192.168.100.104"，按下回车键，即可查看该计算机的共享资源，达到访问本机或其他计算机共享信息的目的，如图 5-7 所示。

图 5-7　使用 IP 地址访问共享信息

3. 将本机的打印机设置为网络共享打印机

步骤(1)：打开"控制面板"中的"设备和打印机"，如图 5-8 所示。

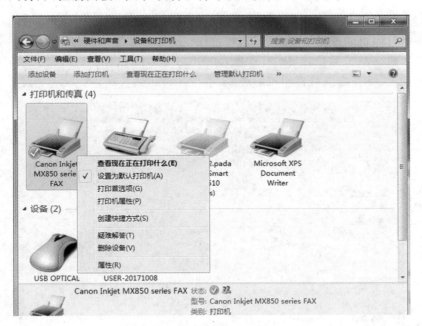

图 5-8　"设备和打印机"窗口

步骤(2)：在窗口中右击需要共享的打印机，选择"打印机属性"→切换到"共享"选项卡→勾选"共享这台打印机"→输入共享名→确定，即可将本机的打印机设置为网络共享打印机，如图 5-9 所示。

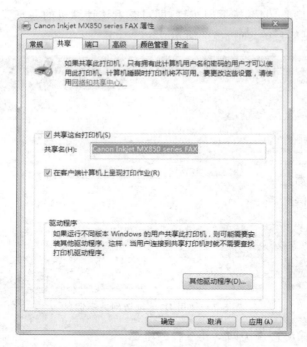

图 5-9　打印机"共享"属性窗口

步骤(3)：在同网络其他计算机任意窗口的地址栏中,输入"\\网络打印机的主机 IP 地址"或"\\网络打印机的主机计算机名",如"\\192.168.100.104",即可查看目标主机所有的网络共享打印机。右击需要连接的打印机,如图 5-10 所示,选择"连接…"菜单,即可自动安装打印机驱动,最终完成网络打印机的连接。

图 5-10　连接共享打印机窗口

步骤(4)：打开"控制面板"中的"设备和打印机",右击打印机图标,选择"设置为默认打印机"菜单,即可将该打印机设置为默认打印机。

实验 5-3 使用搜索引擎获取信息

21 世纪是信息时代,随着计算机及网络相关技术的普及,人们可以很方便地通过计算机和 Internet 设备从网络中获取大量的信息,这给人们制定决策提供了重要的信息和数据支撑。Internet 网站数量如此庞大,每个网站都有大量的数据,构成了 Internet 上的海量信息,也存在很多垃圾信息,我们要从 Internet 获取有效信息必须经过筛选、过滤,Internet 搜索引擎就应运而生了。

学校计划在下月举办一次"红色文化进校园"专题活动,李明接到学校新媒体中心的任务:收集一些图文并茂的红色老区发展历史的相关材料,用于开办一个展示会。

实验目的

1. 掌握使用搜索引擎根据限定条件进行精确搜索的方法;
2. 掌握使用搜索引擎"百度识图"获得信息及扩展信息来源的方法;
3. 掌握使用学术网站实现跨网站的聚合文献搜索方法。

实验内容

1. 使用百度高级搜索中包含全部或任意关键词及指定站点内搜索;
2. 使用百度图片"百度识图"获取更多信息资源;
3. 使用百度学术简单搜索及限定筛选器实现聚合文献搜索。

实验步骤

1. 使用百度高级搜索中包含全部或任意关键词及指定站点内搜索
下面以搜索"闽西发展历史"学术论文为例,讲解使用百度进行精确搜索的方法。
步骤(1):使用浏览器打开百度首页(www.baidu.com)。
步骤(2):在百度首页右上方单击"设置",选择"高级搜索"。
步骤(3):单击"高级搜索"后,显示如图 5-11 所示的设置框。
步骤(4):本例中要将地域限定在闽西,因此在"包含全部关键词"文本框中输入"闽西发展历史"(每个关键词之间用空格进行区分),此时单击"高级搜索"按钮,显示内容与直接在百度首页搜索的结果一样,不太精确,如图 5-12 所示。其中包括百科、门户网站、学术论文、自媒体文章等各种相关信息。

图 5-11　使用百度精确搜索

图 5-12　模糊搜索结果

步骤(5)：为了精确获取闽西发展历史相关研究信息，在高级搜索框中，在"站内搜索"文本框输入相关的域名"xueshu.baidu.com"。值得注意的是，只要输入域名即可，无需带有"http://"，也可以不输入"www."，如图 5-13 所示。

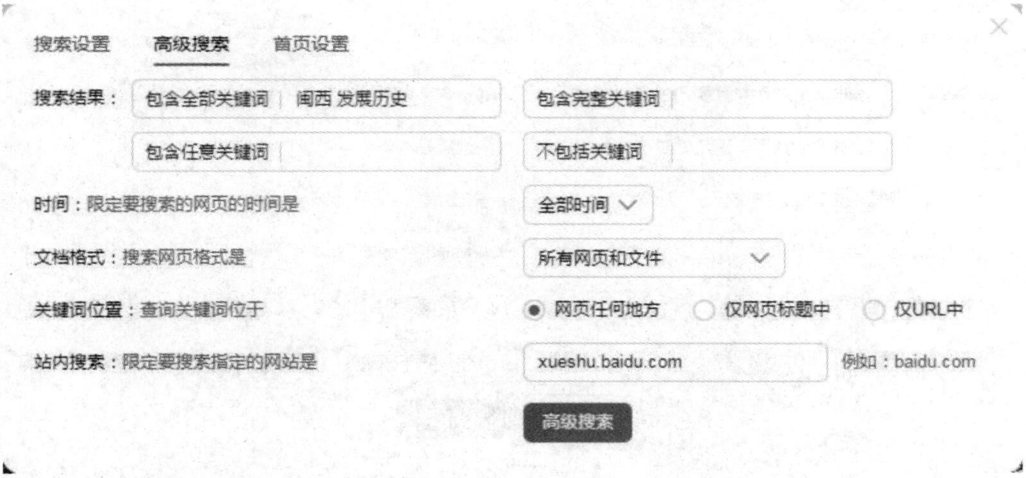

图 5-13　指定搜索网址

步骤(6)：单击"高级搜索"按钮后，将只显示百度学术站内结果，如图 5-14 所示。

图 5-14　搜索结果

步骤(7)：如果希望包含多个任意关键词，可以在"包含任意关键词"文本框中进行设置。例如，希望在其他关键词不变的前提下，同时查找包含闽西和龙岩的结果，则在"包含全部关键词"中只输入"发展历史"，然后在"包含任意关键词"文本框中输入"闽西 龙岩"即可，如图5-15 所示。

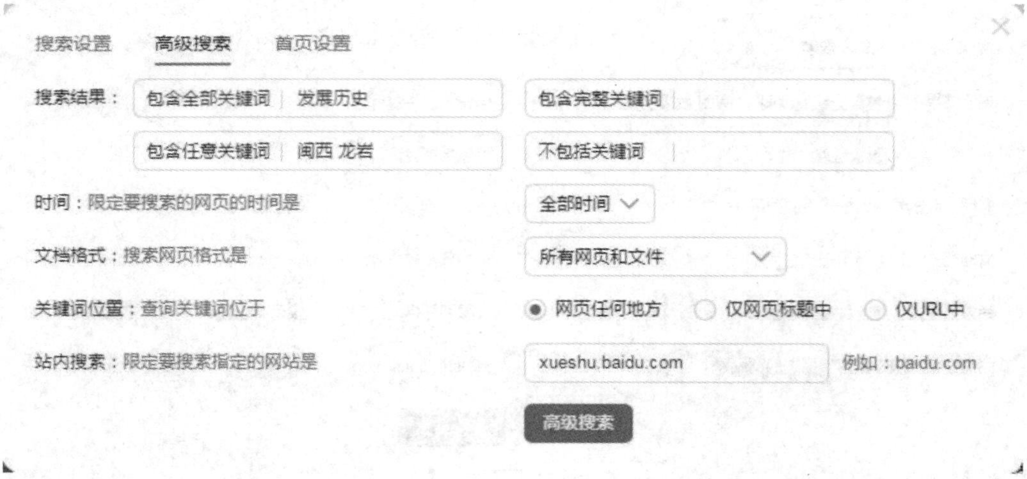

图 5-15　设置任意关键词

步骤（8）：单击"高级搜索"按钮，将返回包含闽西或龙岩相关发展历史的结果。

搜索结果通常会以较新的结果展示在前面，但结合所设置的关键词，也会有一部分较为陈旧的结果出现，此时也可以通过指定时间来搜索某个时间范围内的结果。例如，可以在"时间"下拉列表中选择"最近一年"，这样搜索到的结果时效性更强。

通常来说，一些较为重要的关键词，会在网页标题中明确写出，因此可以指定关键词所在的位置，只查找网页标题包含关键词的结果，如图 5-16 所示。

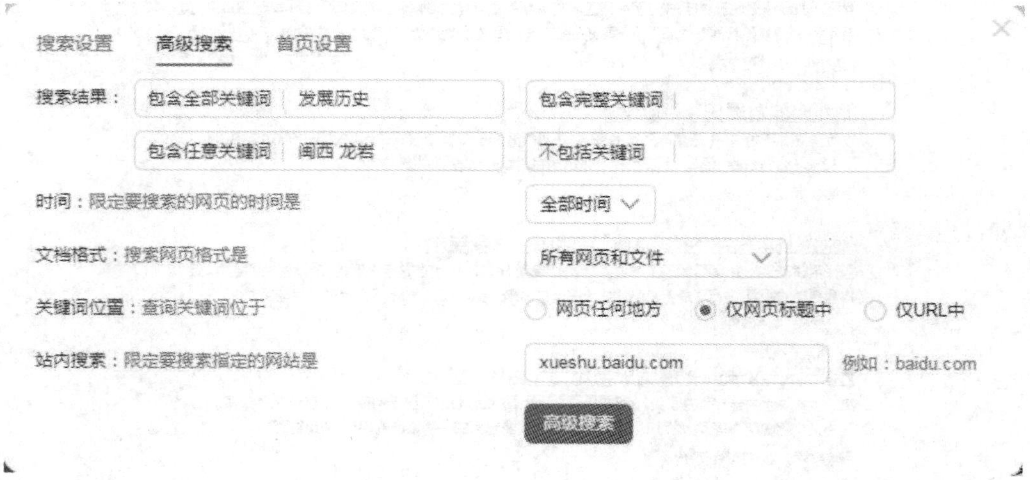

图 5-16　选中"仅网页标题中"选项

此时的搜索结果，标题必定包含所设置的关键词。

2. 使用百度图片"百度识图"获取更多信息资源

李明通过百度搜索引擎获得了大量图文并茂的资料，这时有筹备组成员给他发过来一张老照片，问他能不能通过这张照片找到更多相关的资料，以便完成一个专栏制作。

下面以图 5-17 所示的图片为例，讲解搜索指定图片的方法。其操作步骤如下：

图 5-17　素材图片

步骤(1)：在浏览器中直接输入"https://image.baidu.com/"，或在百度首页左上角导航中打开百度图片官方网站。

步骤(2)：单击搜索框右侧的相机按钮，此时将显示图片上传控件，如图 5-18 所示。

图 5-18　激活图片控件

步骤(3)：如果要搜索网页上的图片，可以在图片上右击，在弹出的菜单中选择"复制图片地址"命令，然后将该地址粘贴在搜索框中。本例是使用本地图片进行搜索，因此可以单击"选择文件"按钮,在弹出的对话框中选择并打开要搜索的图片,或直接将图片拖动到图片上传控件上。

步骤(4):图片上传完毕后就会显示搜索结果,如图 5-19 所示。其中左上方是上传的原图片,下面则是搜索得到的结果。

图片来源

龙岩上杭县五十至七十年代老照片|古田|公社_网易订阅
www.163.com

相似图片 描述图片后搜索

图 5-19 图片搜索结果

步骤(5):单击其中一个结果,即可访问图片的来源网页。

需要注意的是,百度识图搜索图片时,是将用户上传的图片与在百度服务器上缓存的图片数据进行对比,然后返回搜索结果。而服务器上的数据有可能是较早前生成的,但对应的网页甚至整个网站都可能已经不存在了,因此可能出现搜索结果无法访问,或打开的网页中没有想搜索的图片等问题。

另外,在前面搜索结果的图片来源下方,还有搜索出来的相似图片,我们从中还可能找到里面跟我们需要的图片相关的一些图文来源,由此延伸收集到更多资料信息。

3. 使用百度学术简单搜索及限定筛选器实现聚合文献搜索

搜索引擎中获取到的资料中有很多来源于自媒体,信息鱼龙混杂。李明希望在寻找展会素材的时候能引用更多专业的学术论文,那么怎么获取呢?

本例以搜索闽西革命史方面的文献为例,讲解在百度学术中搜索免费文献的方法。

步骤(1):通过搜索引擎或输入"xueshu.baidu.com"打开百度学术官方网站。

步骤(2):在搜索框中输入"闽西革命"并按"Enter"键进行搜索,将返回如图 5-20 所示的结果。

图 5-20　搜索结果

步骤（3）：我们可以在左侧通过设置来筛选想要的结果。例如，在本例中希望获取免费的文献，可以在左侧单击"获取方式"栏中的"免费下载"。

步骤（4）：若要对结果进行更多筛选，可以在左侧进行设置。例如要筛选 2020 年发表的文献，则在"时间"栏下直接单击"2020 以来"即可。也可以在下面手动输入起始和结束时间（允许只输入其中一个），进行更精确的筛选。

步骤（5）：单击想查看的搜索结果标题，进入文献的详情页，默认在下面显示全部文献来源。单击"免费下载"，如图 5-21 所示，即可查看相关的链接。

步骤（6）：单击其中一个免费下载链接，即可跳转至相应的网站，进行查看或下载。需要注意的是，在这些"免费下载"链接中，虽然不需要付费，但有可能会有积分额度、会员资格等方面的要求，因此，不一定是真正的无须付费且无障碍的免费下载，但这些文献大部分或全部的内容可以免费阅读。

图 5-21　显示免费下载来源

实验 5-4　使用在线 AI 平台处理图片

在收集了大量图文并茂的资料后,李明需要对这些材料进行后期整理,其中有大量的图片需要进行处理,如黑白照片着色,物品和场景的识别,将某些场景进行抠图并更换背景等。安装专业图像处理软件费时费力,还要有一定的操作能力,那有没有一种更便捷的方法来处理图片呢?

实验目的

掌握利用在线 AI 平台快速处理图片的方法。

实验内容

1. 使用百度大脑 AI 开放平台为黑白照片着色。
2. 使用百度大脑 AI 开放平台识别物品。
3. 使用 removebg 在线 AI 抠图

实验步骤

1. 使用百度大脑 AI 开放平台为黑白照片着色
步骤(1):使用浏览器打开百度 AI 开放平台(https://ai.baidu.com/)首页。

步骤(2)：在上方导航栏中单击"开放能力"，在"图像技术"列表中选择"黑白图像上色"，如图 5-22 所示。

图 5-22　开放能力

步骤(3)：用鼠标向下滚动后，可以看到在线测试功能。单击"本地上传"按钮，随后打开要处理的素材照片，根据图片大小，等待几秒至十几秒即可返回结果，如图 5-23 所示。

图 5-23　着色效果对比

步骤(4)：如果要保存处理后的图片，可以直接在图片上右击，在弹出的菜单中选择"图片另存为"选项，然后保存至本地即可。需要注意的是，此时保存的只是预览效果，因此图片尺寸会被压缩至最大不超过 800 px。

2. 使用百度大脑 AI 开放平台识别物品

百度 AI 开放平台提供的通用物体和场景识别应用，可以识别动物、植物、商品、建筑、风景、动漫、食材、公众人物等 10 万个常见物体及场景，接口返回大类及细分类的名称结果。下面以图 5-24 所示的图片为例，讲解其使用方法。

图 5-24 识物素材图片

步骤（1）：打开百度 AI 开放平台（https://ai.baidu.com/）首页，在上方导航栏中单击"开放能力"，在"图像技术"列表中选择"通用物体和场景识别"。

步骤（2）：用鼠标向下滚动后，可以看到在线测试功能，单击"本地上传"按钮，然后打开要处理的照片，根据图片大小，等待几秒至十几秒即可返回结果，如图 5-25 所示。

图 5-25 识别结果

百度 AI 开放平台智能识别出了图中的物体或者场景，并按照可能性大小列出识别出来的物体或者场景。

3. 使用 removebg 在线 AI 抠图

remove.bg 是一项免费在线工具,用于删除照片的背景,100%自动操作,不必手动选择背景或前景层来分隔它们(内置 AI 技术来检测前景层并将它们与背景分开),只需上传图片、下载结果即可。下面以图 5-26 所示的照片为例讲解其使用方法。

图 5-26　抠图素材图片

步骤(1):使用浏览器打开 removebg 网站(https://www.remove.bg/)。

步骤(2):将要抠图的图片拖至上传区域,或单击"上传图片"按钮,在弹出的对话框中打开要抠图的图片,即可开始上传。

步骤(3):上传完毕后,会自动识别照片中的主体,并消除背景,如图 5-27 所示。

图 5-27　清除背景后

步骤(4):单击"下载"按钮,可以下载预览图。单击"下载高清版"按钮,可以下载原图,但需要登录并支付积分。

步骤(5)：单击预览结果右上角的"编辑"按钮，可以在弹出的页面中对背景进行虚化处理，虚化原图背景后的效果如图5-28所示。

图5-28　虚化背景后的效果

步骤(6)：单击预览结果右上角的"编辑"按钮，可以在弹出的页面中对背景进行更换处理，选择其他背景后的效果如图5-29所示。

图5-29　选择新背景后的效果

实验 5-5 使用在线文档多人编辑协作

计算机支持的协同工作是让地域分散的一个个群体,使用计算机及网络技术,共同协调与协作来完成一项工作任务,消除人们在时间和空间上相互分隔的障碍,改善人们信息交流的方式,从而提高群组工作的质量和效率。其核心内容是解决群体成员之间、组织与组织之间、知识领域之间的相互关联问题,也就是通过计算机及时发现矛盾,解决问题,提高工作效率。

本次展示需要一批师生志愿者来协助开展工作,志愿者首先需要填一份申请表。李明需要给所有申请参与的师生发送申请表,然后收集信息并进行审核筛选出一定数量的人员。

当学校给你一个表格要求你让全班同学填表时,按照传统方法,你要把文件发给几十个人,然后再等待他们传回几十个附件,之后再进行合并处理,非常麻烦。那么有没有一种方法可以更便捷省事的完成这样的工作呢?

腾讯文档是可支持多人协作的在线文档,支持多端互通;电脑端和手机端(PC、Mac、iPad、iOS、Android)任意设备皆可访问、创建和编辑腾讯文档,所有信息都实时同步更新,随时随地都能编辑修改文档内容。

实验目的

掌握使用在线文档多人编辑协作的方法。

实验内容

1. 使用腾讯文档创建在线文档并分享。
2. 使用腾讯文档在线编辑。
3. 使用腾讯文档导出数据到本地设备。

实验步骤

1. 使用腾讯文档创建在线文档并分享

步骤(1):以电脑端为例,我们首先打开浏览器,在网页搜索"腾讯文档",或直接在浏览器输入网址"http://docs.qq.com",即可进入腾讯文档官网,点击"免费使用",进入到登录界面。

步骤(2):我们可以使用微信或 QQ 扫描二维码登录,登录完成后,进入腾讯文档工作区,如图 5-30 所示。

图 5-30　腾讯文档工作区

步骤(3)：在正式进行腾讯文档多人编辑前，首先需要新建一个文档，比如 Excel 文档。

点击工作区中间区域的"新建"按钮，可以在线创建一个新文档，如图 5-31 所示。

工作区中可以选择腾讯文档自带的涵盖生活、教育、学习、工作等方面丰富的模板库快速生成文档，如图 5-32 所示。

图 5-31　腾讯文档新建文档

图 5-32　腾讯文档模板库

　　而当需要多人协同汇总一份含有隐私信息（如身份证号、家庭地址等）的文档时，还可以使用腾讯文档的收集表功能，如图 5-33 所示。

图 5-33　新建在线收集表

　　如果在本地 PC 设备上已经存在需要编辑的文档，我们也可以把它导入腾讯文档中，任意时间任何地点跨平台编辑在线文档。具体操作如下：

　　点击腾讯文档工作区顶部的"导入"按钮，在本地设备中选择已有的文档，并选择"转为在线文档编辑"，如图 5-34 所示。

图 5-34　导入本地文档

2. 使用腾讯文档在线编辑和分享

步骤（1）：使用前述两种方式创建好在线文档之后，接下来就可以在线编辑文档，如图 5-35 所示。无论断电还是死机的情况，所有文档内容都会实时保存，不会丢失。

序号	姓名	性别	出生年月日（岁）	民族	籍贯	是否党员	入校时间	专业技术职务	专业名称	现部门及工作岗位	入校以来参与学生工作经历
1	张三	男	21	汉	福建	是	2020	无	计算机应用	信息与制	学生会主席
2	李丽	女	33	汉	福建	是	2010	讲师	信息技术	信息与网络	2022级计算机应用1班班主任
3											
4											
5											
6											
7											
8											

（申请参与展会工作师生申请汇总表（填报单位：＿＿＿＿＿学院））

图 5-35　编辑在线文档

步骤（2）：我们可以通过文档右上角菜单查看"修订记录"还原到之前任何版本，也适用于从之前版本里找出第一版的情形，如图 5-36 所示。

步骤（3）：完成文档编辑后，点击在线文档页面右上角的"分享"按钮，打开"文档分享"设置界面，如图 5-37 所示。注意观察界面，上半部分是设置文档权限的位置，如需获得文档链接的任何人可共同协作，则将权限设置成"所有人可编辑"。

图 5-36　修订记录　　　　　　**图 5-37　文档分享**

　　步骤(4)：接着点击"分享至"下面的 QQ 图标，打开"QQ 好友"界面，通过点击分组或者直接在搜索栏中搜索的方式找到好友并点击，就可以在"已选"框内看到多人，最后点击页面下面的"完成"按钮即可完成将腾讯文档分享给多人的操作。微信分享则通过手机微信"扫一扫"后选择好友分享文档。

　　步骤(5)：当好友收到文档分享链接后点击打开，便可在线打开 Excel 表格，每个人都可以在这个时候开始对文档进行编辑操作。

　　每个人在对同一篇文档进行编辑的时候，系统会进行实时保存，并且这种保存会以每一个编辑的人为单位进行实时保存，可以在腾讯文档首页位置查看最近是哪位好友进行了编辑。

　　系统会自动保存最新的编辑结果，重新打开文档的时候，看到的总是最新的编辑结果。同时，可以通过点击文档编辑页面右上角的"查看修订记录"按钮，查看到之前每个人的编辑记录。

　　3. 使用腾讯文档导出数据到本地设备

　　步骤(1)：当所有参与人员填完了各自的信息后，在文档页面右上角菜单选择"导出为"，如图 5-38 所示，再选择文件类型及修改文件名称，导出到本地设备。

图 5-38　导出文档数据

实验 5-6　使用在线会议多人交流协作

　　随着筹备工作如火如荼地开展，李明和筹备组人员之间经常需要布置和交接工作，沟通和讨论工作事宜，但不是每个人都能随时抽出时间来聚集到会议室开会讨论。那么有没有一个办法能让大家随时随地参与到会议中来呢？

　　腾讯会议是腾讯云旗下的一款视频会议软件，具有 300 人在线会议、全平台一键接入、音视频智能降噪、美颜、背景虚化、锁定会议、屏幕水印等功能。该软件还可实时共享屏幕，支持在线文档协作等，让在线会议随时随地，畅享高效云端协作。

实验目的

掌握使用在线会议多人交流协作的方法。

实验内容

1. 使用腾讯会议创建在线会议。
2. 使用腾讯会议加入会议参与交流。
3. 使用腾讯会议各项功能增强交互体验。

实验步骤

1. 使用腾讯会议创建在线会议

步骤（1）：在浏览器中通过搜索引擎或者输入腾讯会议主页地址进入下载界面，选择自己要下载的系统版本进行下载和安装。

步骤（2）：打开腾讯会议首页，认识首页各图标功能，如图 5-39 所示。

腾讯会议支持使用微信、企业微信、手机号等方式进行注册和登录。

步骤（3）：认识登录之后的界面。腾讯会议登录之后的界面如图 5-40 所示。

图 5-39　腾讯会议首页　　　　　　图 5-40　腾讯会议登录后界面

步骤（4）：打开查看个人信息。在腾讯会议启动界面左上角显示的是自己的个人信息，点击头像可以查看更多信息。

步骤(5):学习腾讯会议的会议创建、邀请、控制功能。在腾讯会议程序启动页面点击"快速会议"按钮可创建快速会议,如图 5-41 所示。

图 5-41 创建快速会议

小型会议可直接使用"电脑音频"作为会议音频接入方式,大型会议推荐使用"电话拨入"方式。如果参会人数较少,我们可以选择"电脑音频"。

步骤(6):麦克风的选择与开关,如图 5-42 所示。

步骤(7):腾讯会议摄像头的选择、打开与关闭。主界面左下角还可选择摄像头设备,开启或关闭摄像头。并可通过"视频选项"或"虚拟背景"进一步调节视频应用场景,如图 5-43 所示。

图 5-42 麦克风和扬声器管理

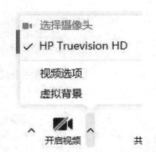

图 5-43 摄像头的选择、打开与关闭

步骤(8)：腾讯会议屏幕共享，如图 5-44 所示。腾讯会议可以让会议主持人共享整个桌面或一个程序窗口。

图 5-44 腾讯会议屏幕共享

步骤(9)：会议邀请。在开启一个会议后，我们可以点击腾讯会议主窗口底部的"邀请"按钮，复制会议信息，邀请视频会议参与者，如图 5-45 所示。

图 5-45 会议邀请

步骤(10)：如计划在将来某个时间开始会议，可返回腾讯会议启动首页，单击"预定会议"，填写会议主题、时间并选择会议控制相关选项，最后点击"预定"，如图 5-46 所示。

图 5-46　预定会议

完成后预定会议成功，可复制会议号和链接邀请参会人员。

预约成功后我们可选择进入会议，复制邀请，修改会议或取消会议，如图 5-47 所示。

图 5-47　预约成功后界面

2. 使用腾讯会议加入会议参与交流

步骤(1):参与会议人员可以在连接网络的其他 PC 客户端或者微信小程序里打开腾讯会议,在启动界面选择加入会议,如图 5-48 所示。

图 5-48　加入会议

步骤(2):输入邀请者提供的会议号,输入与会者的姓名,调整会议相关设置,最后点击加入会议即可加入会议。

3. 使用腾讯会议各项功能增强交互体验

步骤(1):管理视频会议与会成员及控制成员会议功能如图 5-49 所示。

步骤(2):腾讯会议具有文字聊天功能,如图 5-50 所示。

图 5-49　管理视频会议与会成员　　　　　**图 5-50　腾讯会议文字聊天**

　　步骤（3）：腾讯会议还具有多项小应用，如个人笔记、文档协同、开启字幕、美颜、互动批注、直播、投票、计时器、签到等，极大地丰富了会议成员之间的互动场景，如图 5-51 所示。

图 5-51　腾讯会议小应用

腾讯会议小应用中具有会议文档协同编辑功能，如图 5-52 所示。

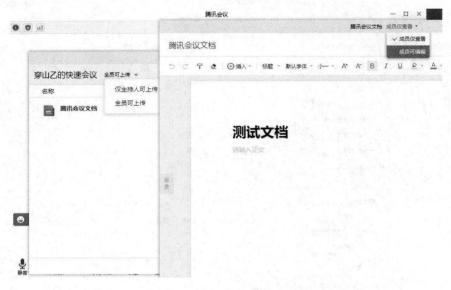

图 5-52　腾讯会议文档协同编辑

腾讯会议具有直播功能。需要注意的是，直播之前需要完成实名认证，开始直播之后将页面生成的直播地址分享给需要观看直播的人即可，如图 5-53 所示。

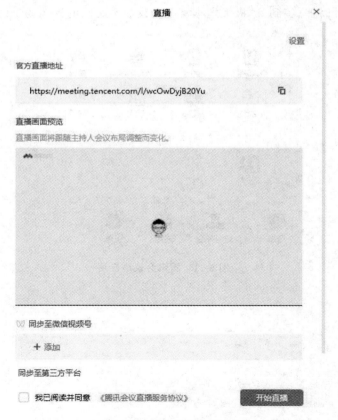

图 5-53　腾讯会议直播

步骤(4)：结束与离开会议。在腾讯会议的主界面中右下角，点击"结束会议"按钮，在弹出菜单中选择"结束会议"，则本次会议结束，所有人退出。在弹出菜单中选择"离开会议"，则是本人离开本次会议，其他人可以继续会议。如图5-54所示。

图 5-54　结束或离开会议

实验 5-7　使用在线问卷调查收集多人信息

为了获取参与人员的实际体验及意见和建议，以改进和优化下次工作，李明和筹备组团队决定在展示会现场发放问卷调查表。传统方式发放纸质问卷既不环保，又费时费力，那么有没有办法能更好地发放调查问卷呢？

腾讯问卷是腾讯开发的免费在线问卷调查平台，创建问卷方式多样灵活，问卷在不同终端自适应，数据实时在线统计，手机上能随时查看。腾讯问卷提供所见即所得的可视化编辑能力，充分利用最新 AI 等技术实现回收数据的图表化统计分析，提供从问卷设计、投放、分析的一站式服务，被广泛应用在日常调查及数据收集工作中，如调查研究、表单、投票和考试等场景。

实验目的

掌握使用在线问卷收集多人信息的方法。

实验内容

1. 使用腾讯问卷创建在线问卷并分享。
2. 使用腾讯问卷进行统计并导出数据到本地设备。

实验步骤

1. 使用腾讯问卷创建在线问卷并分享

步骤(1)：使用搜索引擎如百度搜索"腾讯问卷"，或打开浏览器输入网址"http://wj.qq.com"进入腾讯问卷官网。

步骤(2)：点击右上方的"登录"或"免费使用"，选择登录方式并完成登录。

步骤(3)：登录后进入工作台，点击左侧的"新建"或通过"模板库"创建问卷均可，如图

5-55 所示。

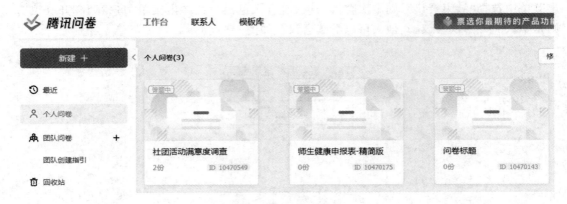

图 5-55　腾讯问卷工作台

步骤(4)：创建问卷的主要方式有新建空白文件、通过模板创建和通过 Excel 导入等几种，点击对应按钮开始创建，如图 5-56 所示。

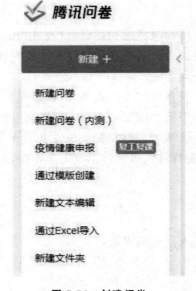

图 5-56　创建问卷

步骤(5)：通过模板创建是较高效的一种创建方式，点击"模板库"，我们只需找到适用自己场景的模板，并简单加以修改以符合自己的使用场景，就可以快速创建问卷，如图 5-57 所示。

图 5-57　腾讯问卷模板库

步骤（6）：找到一个较符合场景的模板，如"社团活动满意度调查"，把鼠标指向模板片刻后点击"使用"，并选择创建位置为"个人问卷"。

步骤（7）：根据需要编辑各问题的题目、备注信息和答题选项，如图 5-58 所示。编辑完毕之后可在右侧工作区"试答问卷"或"分享问卷"，也可在左上角点击"退出编辑"回到工作台后随时再次编辑或分享问卷。

提示：单选题可以切换其他题目控件类别，选项可以点新建选项增加。

图 5-58　编辑问卷

步骤（8）：在工作区点击"分享问卷"，可选择分享平台，如微信平台，进行问卷投放，并可设置谁可以填答问卷，如图 5-59 所示。

图 5-59　分享问卷

步骤(9)：在用户完成问卷后可在工作台实时显示回收统计情况，如图 5-60 所示。当回收达到一定数量后我们可以在工作台的"操作"下选择"停止答题"暂停投放问卷，并可点击"统计"查看统计情况。

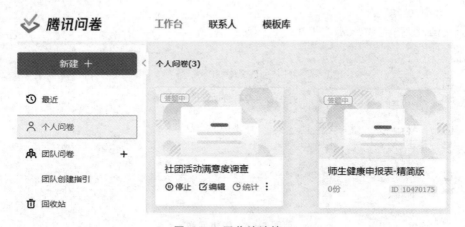

图 5-60　回收统计情况

步骤(10)：点击"统计"，查看各项详细数据，如图 5-61 所示。可以切换为数据模式和统计图模式等。

图 5-61 查看详细统计数据

步骤(11)：在"更多"里可以对问卷数据进行进一步处理，如选择导出数据导出 txt 文档、编辑、打印和删除等，如图 5-62 所示。

实验拓展

1. 将 A 计算机和 B 计算机的 IP 地址分别设置为"192.168.100.1"和"192.168.100.2"，设置合适的 DNS 和网关参数。A、B 计算机相互使用 ping 命令工具测试与对方的连通性。在 A 计算机上设置一个共享文件夹，命名为 share，并在共享文件夹里放置若干文件。在 B 计算机上访问 A 计算机的共享文件夹，并下载几个文件至本地 D 盘。

图 5-62 导出问卷数据

2. 通过搜索引擎搜索指定站点"zhihu.com"内关于"大数据应用案例"的相关信息，并保存其中一份相关资料到本地 D 盘。

3. 通过百度图片网站搜索并下载一张国内知名建筑图片，如"北京天坛"图片。使用"remove.bg"网站给此图片抠图，置换不同背景，并保存到本地 D 盘。

4. 使用腾讯文档网页端或微信小程序制作一个班级通信录，邀请同学们一起编辑完善自己的个人信息，最后将完整通信录导出到本地 D 盘。

5. 使用腾讯会议 PC 端创建一个班级会议，分享会议号邀请相关人员参与会议。通过会议连线各自发表对班级集体活动的意见或建议。

6. 使用腾讯问卷制作一个班委满意度调查，邀请同学们参与。通过统计数据分析总结班委的优点与缺点，导出问卷数据到本地 D 盘。

第六章　实用工具软件的使用

在 Windows 10 操作系统的环境下,有许多实用的工具软件,这些工具软件涉及多个领域,在我们使用计算机完成各项工作的过程中起到重要的作用,如 Adobe Photoshop、快剪辑、百度网盘等。这些工具软件可以帮助用户进行图片编辑、视频剪辑,还有的软件可以帮助用户更好地利用各种计算机资源,更高效地使用和访问互联网等。下面我们就通过几个实验来跟大家介绍和学习几款常用的 Windows10 工具软件。

知识点 1:Adobe Photoshop

Adobe Photoshop,简称"PS",是由 Adobe Systems 公司开发和发行的图像处理软件。Adobe Photoshop 主要处理以像素所构成的数字图像,用户通过使用其众多的编修与绘图工具,可以有效地对图片进行编辑和创作工作。Adobe Photoshop 有很多功能,在图像、图形、文字、视频、出版等各方面都有涉及,目前 Adobe Photoshop 被广泛应用于平面设计、照片后期处理、影像创意、网页制作等领域。

知识点 2:快剪辑

快剪辑是一款功能齐全、操作便捷、可以在线边看边剪的免费 PC 端视频剪辑软件。2017 年 6 月 15 日,360 公司正式推出了国内首款在线视频剪辑软件——"快剪辑",它的推出大大降低了短视频制作门槛,提高了短视频制作效率,使得用户可以简单快速完成并分享自己的作品。

知识点 3:打印输出

打印机是计算机重要的输出设备,也是办公自动化系统的一个重要设备。打印机根据打印原理可以分为以下三类:针式打印机、喷墨打印机和激光打印机。针式打印机通过打印针对色带的机械撞击,在打印介质上产生小点,最终由小点组成所需打印的对象,一般用于银行、超市等票单打印。喷墨打印机是一种经济型非击打式的高品质打印机,通过将墨滴喷射到打印介质上形成文字或图像。激光打印机使用硒鼓粉盒,其打印原理是利用光栅图像处理器产生要打印页面的位图,然后将其转换为电信号等一系列的脉冲送往激光发射器,在这一系列脉冲的控制下,激光被有规律地放出。从打印速度来看,激光打印机打印速度最快,喷墨打印机次之,针式打印机最慢。

　　网盘又称网络 U 盘、网络硬盘,是一种在线存储服务,为用户免费或收费提供文件的存储、访问、备份、共享功能,一般免费存储量可以达到几百或几千 GB。本书中以办公中最常用的百度网盘为例进行介绍。

实验 6-1　Photoshop 的基本操作

实验目的

1. 熟悉 Photoshop 的界面环境;

2. 学习如何使用 Photoshop 的选取工具;

3. 掌握 Photoshop 的编辑变换工具;

4. 掌握修复画笔和仿制图章工具的使用。

实验内容

1. 学习 Photoshop 的界面环境,掌握如何新建、打开和保存文件;

2. 掌握 Photoshop 选取工具的使用;

3. 学习使用 Photoshop 的编辑变换操作;

4. 学习使用修复画笔和仿制图章工具。

实验步骤

1. 打开 Photoshop CS 的工作环境

步骤(1):打开桌面上 PhotoshopCS6 的快捷方式。

步骤(2):观察 Photoshop CS6 的工作环境,主要包括标题栏、菜单栏、工具箱、选项栏、状态栏、文件浏览器、调板窗口和图像窗口,如图 6-1 所示。

图 6-1 Photoshop CS 的工作环境

步骤(3):新建 Photoshop 文件。执行"文件、新建"命令,打开"新建"对话框,如图 6-2 所示,选择文件的宽度、高度、分辨率等,创建新文件。

新建	✕
名称(N): 未命名-1	确定
预设(P): 默认 Photoshop 大小 ⌄	复位
大小(I): ⌄	存储预设(S)...
宽度(W): 454 像素 ⌄	删除预设(D)...
高度(H): 340 像素 ⌄	
分辨率(R): 72 像素/英寸 ⌄	
颜色模式(M): RGB 颜色 ⌄ 8 位 ⌄	
背景内容(C): 白色 ⌄	图像大小:
⌄ 高级	452.2K

图 6-2 "新建"对话框

步骤(4):打开文件。执行"文件打开"或者"文件打开为"命令,弹出"打开"或"打开为"对话框,选择并打开图;再执行"文件→浏览"命令,打开文件浏览器,选择并打开图像文件。

步骤(5):保存文件。通过执行"文件→存储"或者"文件→存储为"命令,保存文件。文件格式包括以下 3 种格式。

①PSD 格式:Photoshop 专用格式,支持 Photoshop 所有功能,保存图像的所有信息。

②JPEG 格式：JPEG 格式是常见的一种图像格式，是面向连续色调静止图像的一种压缩标准。是一种可以调整压缩比的有损压缩格式。

③BMP 格式：它是 Windows 操作系统中的标准图像文件格式，能够被多种 Windows 应用程序所支持。BMP 图像的特点是包含的图像信息较丰富，几乎不进行压缩，但由此导致了它的缺点——占用磁盘空间过大。

2. 掌握 PhotoShop 选取工具的使用

选区可以确定 Photoshop 操作的作用范围是图像编辑和操作的基础。用户可以通过选取工具创建规则选区。

步骤（1）：使用选框工具。打开素材文件"球体.jpg"，单击工具栏中"矩形选框工具"，如图 6-3（a）所示。将鼠标指针移到图像窗口，当鼠标指针变为"＋"形状，将图像拖曳出矩形区域，如图 6-3（b）所示。（当按住 Shift 键，绘制的选区为正方形。）

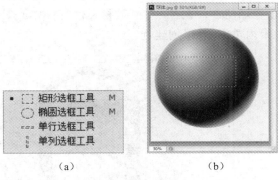

(a)　　　　　　　　　　　　(b)

图 6-3　矩形选区

步骤（2）：其他规则选框工具。使用椭圆选框工具可以选取椭圆或圆的区域，使用单行和单列选框工具可以分别选取绘制 1 像素高的单行选框和 1 像素宽的单列选框。

步骤（3）：选取不规则选区。Photoshop 提供的套索工具、多边形套索工具和磁性套索工具用于创建不规则选区。打开素材文件"金鱼.jpg"，使用套索工具选取形成如图 6-4（b）所示的选区；取消选区后再使用多边形套索工具，选取形成如图 6-4（c）所示的选区。

图 6-4（d）所示的选区是通过磁性套索工具选择形成的，磁性套索工具具有自动捕捉功能，可以根据具有反差颜色的对象边缘创造选区。用户可以单击对象边缘，沿着对象边缘移动，再单击鼠标左键形成关键点，最后再单击起点时形成选区。（Delete 键可删除磁性套索工具选择的上一节点。）

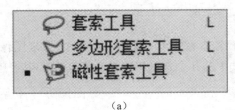

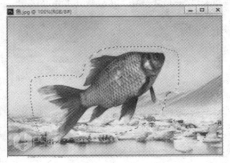

(a)　　　　　　　　　　　　(b)

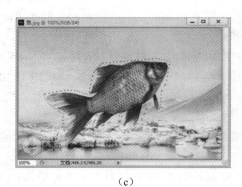

（c）   （d）

图 6-4　不规则选区工具

步骤（4）：使用魔棒工具选取区域。魔棒工具主要用于存在颜色相近或大面积单色区域的图像，魔棒工具的选项栏如图 6-5 所示。打开素材文件"窗户.jpg"，点击使用魔棒工具，然后在图片的窗户白色像素内单击，就可创建选区。

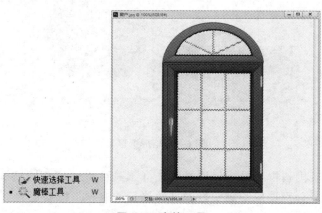

图 6-5　魔棒工具

步骤（5）：移动选区。打开素材文件"球体 .jpg"，选择磁性套索工具，将鼠标指针移到选区内，鼠标指针变为 ▶ 形状，拖曳鼠标即可移动选区。图 6-6 所示为选区移动的过程和结果。

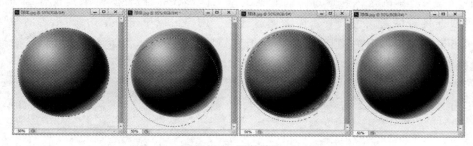

图 6-6　调整选区

步骤（6）：移动之前选中的图像。新建一个名称为"PS01"的 1366×768 像素图像文件，打开"金鱼.jpg"和"球体.jpg"图像文件，将刚才选中的几个选区用磁性套索工具移动至 PS01 图片，并保存为"PS01.jpg"。

3. 学习使用 PhotoShop 的编辑变换和粘贴操作

步骤(1):选区的自由变换操作。可以对图像的选区进行自由变换操作,自由变换操作包括缩放、旋转、斜切、扭曲、透视、变形。

①打开图片素材文件"海螺.jpg"如图 6-7(a)所示。建立选区后,执行"编辑→自由变换"命令,此时图像四周出现控制框,如图 6-7(b)所示。

②将鼠标指针移动到控制框内,指针变成黑色指针形状时,拖曳可以移动图像。

③水平或垂直缩放。将鼠标指针移至各边中间的控制点,指针变为左右或上下箭头形状,可以进行水平或垂直方向的缩放,如图 6-7(c)所示。

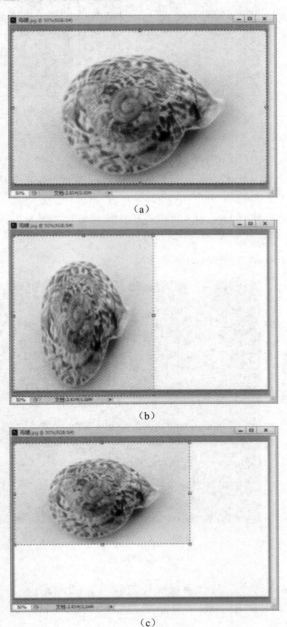

(a)

(b)

(c)

图 6-7 自由变换

步骤(2):执行编辑→变换操作。打开图片素材文件"黄狗.jpg"建立选区,打开"编辑→变换"菜单项,选择旋转90度(顺时针),其子菜单如图6-8(a)所示。执行"再次"命令,可以重复前一次的变换操作。图6-8(c)所示为图6-8(b)所示图像旋转90度(顺时针)变换的效果。

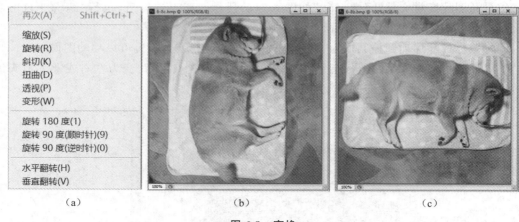

再次(A)	Shift+Ctrl+T

缩放(S)
旋转(R)
斜切(K)
扭曲(D)
透视(P)
变形(W)

旋转180度(1)
旋转90度(顺时针)(9)
旋转90度(逆时针)(0)

水平翻转(H)
垂直翻转(V)

（a）　　　　　　　（b）　　　　　　　（c）

图6-8　变换

步骤(3):图像的剪切、复制和粘贴。

①打开素材文件"行走.jpg",用魔棒工具建立选区并反选,当选中人物时执行"编辑→复制"命令。

②打开另一个素材文件"树林.jpg",执行"编辑→粘贴"命令,通过变换调整人物的大小后,效果如图6-9(b)所示。

③将调整后的图片另存为"PS02.jpg"。

（a）　　　　　　　　　　　　（b）

图6-9　复制和粘贴

步骤(4):使用粘贴入命令。打开素材文件"窗户.jpg",如图6-10(a)所示,创建了玻璃窗户的选区,将如图6-10(b)中的图像复制后,执行"编辑→粘贴入"命令,得到如图6-10

（c）所示的效果，粘贴的图像在窗户的背后，将调整后的图片另存为"PS03.jpg"。

| （a） | （b） | （c） |

图 6-10　粘贴入

步骤（5）：使用修复画笔工具。修复画笔工具用于校正图片的瑕疵，原理就是将取样点处的图像复制到目标位置。

①打开素材文件"老照片.jpg"，选择修复画笔工具。

②按下 Alt 键并在画面中单击，松开 Alt 键后，按住鼠标左键在画面中有瑕疵的地方涂抹，即可修复图像，将修复的图片另存为"PS04.jpg"。

图 6-11　修复画笔工具的效果

步骤（6）：使用仿制图章工具 。仿制图章工具是从图像中取样，然后将样本应用到其他图像或者同一图像的其他部分。

①打开素材文件"草原.jpg"，如图 6-12（a）所示，选择仿制图章工具，在选项栏中调整主直径大小。

②按下 Alt 键，鼠标变成"取样形状"，单击图像采样位置，本例为图像中绿草的部位。将鼠标移到图片中羊所在的位置，拖曳鼠标应用采样样本，将中间部分的羊擦除。效果如图6-12（b）所示。

③试着用仿制图章工具将草原上的羊全部去除，将修改后的图片另存为"PS05.jpg"。

（a）　　　　　　　　　　　　　　　　　（b）

图 6-12　仿制图章工具使用效果

　　应用修复画笔工具与仿制图章工具均可以对图像进行修复,原理就是将取样点处的图像复制到目标位置。二者的不同之处在于:仿制图章工具是无损仿制,取样的图像是什么样,仿制到目标位置时还是什么样;而修复画笔工具有一个运算的过程,在涂抹过程中它会将取样处的图像与目标位置的背景相融合,自动适应周围环境。

实验 6-2　Photoshop 的图层处理

　　图层是 Photoshop 最基本、最重要的常用功能,使用图层可以方便地管理和修改图像,也可以创建各种特效。Photoshop 的图层就好像一些带有图像的透明拷贝纸,互相堆叠在一起,将每个图像放置在独立的图层上,用户可自由更改文档的外观和布局,且不会互相影响,用户可以在不影响其他图层的情况下处理某一图像。

实验目的

1. 掌握 Photoshop 图层的基本操作;
2. 掌握图层样式的应用步骤;
3. 掌握图层混合模式的使用;
4. 用图层蒙版进行图像混合。

实验内容

1. 学习 Photoshop 图层的建立、删除、复制等操作;
2. 学习图层样式的应用和复制;
3. 学习使用图层混合模式;
4. 学习使用图层蒙版。

实验步骤

1. 学习 Photoshop 图层的建立、删除、复制等操作
步骤(1):新建图层。执行"图层→新建→图层"命令,打开"新图层"对话框,如图 6-13

(a)所示。

①名称：图层的名字。

②模式：新建图层与当前图层的混合模式。

③不透明度：新建图层的不透明度。

单击图层调板中"新建图层"按钮，可以直接新建图层。

步骤(2)：删除图层。删除图层操作可以将没有用的图层删除。单击图层调板底部的"回收站"按钮，弹出的提示框如图 6-13(b)所示，单击"是"按钮删除当前图层。

或者将图层拖曳到"回收站"按钮上，可以快速删除图层。

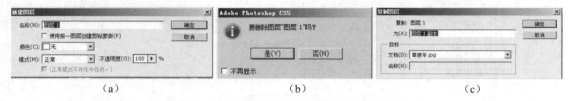

(a)　　　　　　　(b)　　　　　　　(c)

图 6-13　图层的新建、删除和复制

步骤(3)：复制图层。复制图层命令可以创建一个完全相同的图层。执行"图层→复制图层"命令，打开"复制图层"对话框，如图 6-13(c)所示，输入新图层名并指定新图层在哪一个打开的文档中，单击"确定"按钮，即可复制当前图层

步骤(4)：移动图层位置。移动图层位置可以重新排列图层的顺序，不同的图层顺序会产生不同的图像显示效果，移动图层主要操作方法如下。

①"图层排列"命令组中包括置为顶层、前移一层、后移一层、置为底层等命令，能移动当前图层到指定位置。

②在图层调板上用鼠标直接拖曳图层到目标位置。

2. 图层样式的应用和复制

使用 Photoshop 定义图层样式，可以快速建立逼真的图像效果。

步骤(1)：应用图层样式。

①打开图片文件"大象.jpg"，如图 6-14(a)所示。在图层调板中双击图层的空白处建立图层0，打开"图层样式—混合选项"对话框，如图 6-15 所示。

②在"图层样式"对话框中选择样式，并进行参数设定。例如，选择"斜面和浮雕"中的纹理样式，进行相关设置后，效果如图 6-14(b)所示。

(a)　　　　　　　　　　　　(b)

图 6-14　浮雕纹理样式效果

217

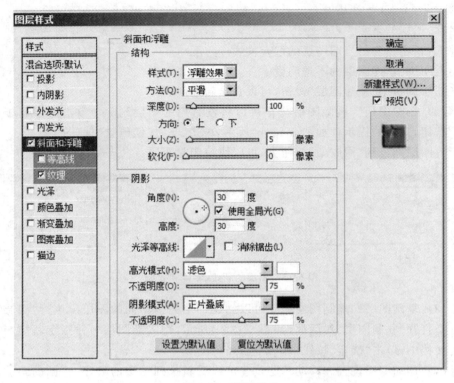

图 6-15　图层样式

步骤(2)：复制图层样式。复制图层样式可以将一个文件中的图层样式复制到另一个图层。

①打开图片，如图 6-16(a)所示，在图层调板中双击图层空白处建立图层 0。用鼠标右键单击图 6-14(b)所示的图层 0 空白处，并在弹出的菜单中选择"拷贝图层样式"命令。

②用鼠标右键单击如图 6-16(b)所示图像的图层 0 空白处，并在弹出的菜单中选择"粘贴图层样式"命令，效果如图 6-16(c)所示。

（a）　　　　　　　　　　　（b）　　　　　　　　　　　（c）

图 6-16　复制图层样式

3. 图层混合模式

图层混合模式可以使图层之间的图像混合，选择不同的混合模式可以产生不同的混合效果。在图层调板上右击出现"混合模式"下拉列表，其中包括所有的混合模式选项，如图

6-17(a)所示。

步骤(1)：打开两个图片文件，复制老鹰图像到云彩图像中，形成两个图层，如图 6-17(b)所示。

步骤(2)：单击"老鹰"图层为当前图层，选择混合模式为"颜色加深"，图像的效果如图 6-17（c)所示。"颜色加深"混合模式使得"老鹰"图层的色彩加深，亮度降低了。

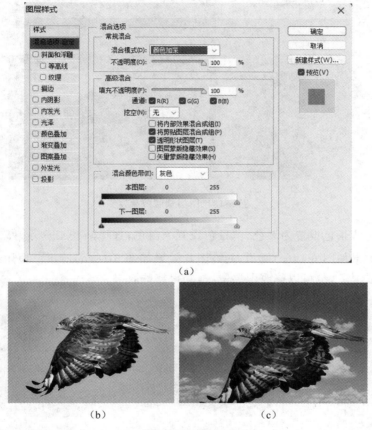

（a)

（b)　　　　　　　　（c)

图 6-17　图层混合

4. 图层蒙版

图层蒙版可以在保护原图像不变的同时，制作出特殊效果。使用图层蒙版遮蔽整个图层，或者只遮蔽选区的内容。使用任意的编辑或绘画工具编辑图层蒙版，可对蒙版区域添加内容或减去内容。

图层蒙版是灰度图像，因此用黑色绘制的内容将会隐藏，用白色绘制的内容将会显示，而用灰色绘制的内容将以各级透明度显示。

创建和编辑图层蒙版的步骤如下。

步骤(1)：打开图 6-18（a)和图 6-18（b)所示的两张图片，将图 6-18（a)所示的图片复制到图 6-18（b)的图片上形成图层 1，效果如图 6-18（c)所示。

步骤(2)：选中图层 1，在图层调板中单击"添加矢量蒙版"按钮 ◙ ，在图层 1 中增加蒙版，如图 6-19(b)所示。单击图层调板中的图层蒙版缩览图，使之成为使用状态。

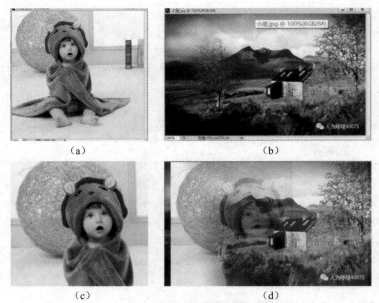

图 6-18　图层蒙版效果

步骤(3)：将背景色设置为黑色，前景色设置为白色，选择渐变工具 在图像窗口拖动形成新变效果如图 6-19(c)所示，最终图片效果如图 6-18(d)所示。使用绘图工具如画笔等绘制灰度或黑色，都可以修改图层蒙版，获得特殊效果。

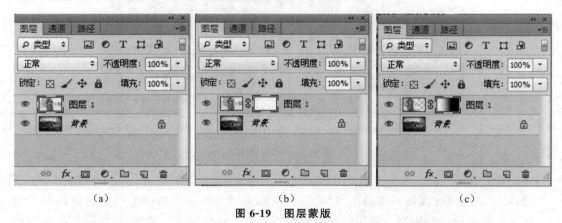

图 6-19　图层蒙版

实验 6-3　制作精彩冬奥会短视频

实验目的

1. 学习短视频的录制和剪辑，配置音乐，添加字幕。

2. 学习如何设置适当的转场效果,能对短视频作品进行构思和鉴赏。

实验内容

第 24 届冬季奥林匹克运动会于 2022 年 2 月 4 日在北京开幕,这是中国举办的又一国际性奥林匹克赛事,且恰逢一年一度的中国传统节日——春节,体育赛事遇上新春佳节,使得这次充满年味的冬奥更加精彩,请根据所提供的素材制作精彩冬奥短视频。

1. 快剪辑软件下载及安装;

2. 短视频脚本设计;

3. 导入视频素材;

4. 导入音频素材;

5. 添加音效;

6. 编辑、调整时间轴素材;

7. 添加字幕;

8. 添加转场效果;

9. 添加其他效果;

10. 保存导出;

11. 完成视频制作。

实验步骤

1. 软件下载及安装

步骤(1):选用快剪辑作为制作工具,这是一款简单易用且功能强大的专业视频剪辑软件。此视频编辑软件具有支持所有主流媒体格式、视频剪辑精准快速、涵盖丰富特效的优点,使用者可通过网络下载快剪辑安装程序。

步骤(2):下载完毕之后,双击安装文件,启动安装进程进行软件安装。

2. 短视频脚本设计

脚本是一个视频剧情的最初模板,是我们在拍摄或剪辑开始之前构建的一个思路框架。采用脚本表格的方式展开剧情设计,是高效且清晰的一种方式,设计脚本如表 6-1 所示。

表 6-1 视频脚本设计

镜头序号	内容	标题/解说/字幕	背景音乐
1	充满年味的冬奥	冬奥与中国春节"完美邂逅",春节记忆会与冬奥擦出怎样的火花?	
2	冬奥场馆速览		一起向未来
3	值得关注的看点		一起向未来
4	精彩赛事 1	冰壶	适合体育赛事的背景音乐
5	精彩赛事 2	短道速滑	适合体育赛事的背景音乐
6	精彩赛事 3	速度滑冰	适合体育赛事的背景音乐
7	结束	精彩冬奥 一起向未来	一起向未来

以上设计仅为了举例说明脚本表格的用途,其内容并非最优方案,同学们在开始视频编辑之前,可根据自己的构思,发挥创意思维,优化剧本细节,创作出精彩的短视频作品,吸引更多人关注。

3. 导入视频素材

步骤(1)：启动快剪辑软件，选择专业模式。

步骤(2)：在"添加剪辑"模块中导入素材。

在"添加剪辑"模块的工作区双击，或者单击"本地视频"或"本地图片"按钮，如图 6-20 所示，在弹出的对话框中选择要导入的视频或者图片素材，将本地视频或图片文件添加到视频编辑软件中，如 6-21 所示，被添加进来的视频或者图片会自动被添加到时间轴上。

图 6-20　打开本地视频

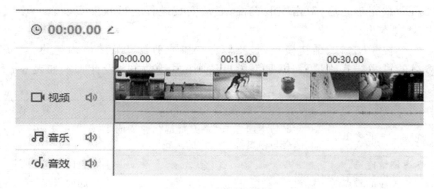

图 6-21　视频时间轴

4. 导入音频素材

步骤(1)：在"添加音乐"模块中导入音频素材。

点击"添加音乐"选项卡，单击"本地音乐"按钮，如图 6-22 所示，在弹出的对话框中选择要导入的音频，可以将本地音频添加到视频编辑软件中，如图 6-23 所示。被添加进来的音频会出现在"我的音乐"列表中，同时也会自动添加到时间轴上。

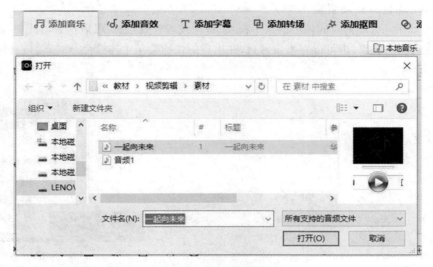

图 6-22　添加音乐选项卡

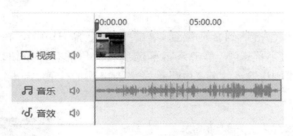

图 6-23　音频时间轴

步骤（2）：单击"世界杯"等音乐素材中的音频的"＋"按钮也可将快剪辑中的音频添加到时间轴上。

5. 添加音效

如图 6-24 所示，如需添加音效，可使用与添加音频素材相同的方式添加音效。

□ 添加剪辑	♫ 添加音乐	♪ 添加音效	T 添加字幕	旬 添加转场	父 添加抠图

我的音效	环境	动物	武器	人类	室内	交通	自然	科幻	卡通	机械
歌曲								时长		操作
乡村小路								01:30		＋
溪水旁								01:00		＋
雨中城市								01:30		＋
夜晚虫鸣								01:30		＋
人山人海								01:00		＋

图 6-24　添加音效

6. 编辑、调整时间轴素材

如图 6-25 所示，单击时间轴上的某个视频、音频或者音效素材，可以选择时间轴上的图标按钮对视频进行相应编辑，也可以右击该素材，在出现的快捷菜单中选择命令对素材进行编辑。

（a）　　　　　　　　　　　　　　　　（b）

图 6-25　编辑、调整时间轴素材

7. 添加字幕

拖动时间轴上的红色指针到合适位置，单击"添加字幕"选项卡，在"内置"或其他类别的字幕中选择一个合适的字幕选项，单击该字幕选项右上角的"＋"按钮，如图 6-26 所示，在出现的"字幕设置"对话框中，输入文字，并调整好字幕出现的位置，点击对话框的关闭按钮，完成字幕的添加。

（a）　　　　　　　　　　　　　　　　（b）

图 6-26　添加字幕

8. 添加转场效果

如图 6-27 所示，单击"添加转场"选项卡，选择一种转场效果，拖动到时间轴上的某个视频上，或者先单击选择时间轴上的某个视频，再单击转场效果右上角的"＋"按钮，可将转场效果添加到视频素材上。转场默认添加在每段素材的开头或结尾部分，起到素材过渡的效果。

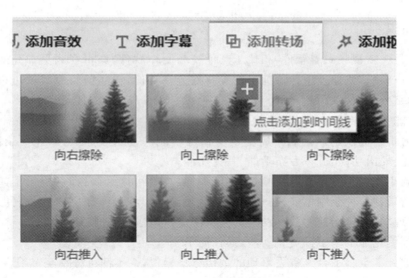

图 6-27　添加转场

9. 添加其他效果

可用与添加转场效果相同的方法为视频素材添加扣图或者渲染效果。

10. 保存导出

如图 6-28 所示,单击时间轴下方的"保存导出"按钮,进入视频导出步骤。

图 6-28　导出视频

步骤(1):选择导出设置下"视频导出"。

步骤(2):选择保存路径。

步骤(3):选择文件格式等设置。

步骤(4):在"特效片头"选项卡中,选择需要添加的片头类型,输入标题等文字,可勾选"使用片尾"。

步骤(5):单击"加水印"选项卡,还可以为视频添加水印。

步骤(6):单击"开始导出"按钮,在弹出的"填写视频信息"对话框中,输入标题等内容,单击"下一步",可将制作好的视频导出。

11. 完成视频制作

在"导出视频"对话框中单击"完成"按钮,关闭对话框,完成视频制作。

相关知识

快剪辑是一款视频编辑软件,相比于其他视频制作软件,剪辑视频更加高效,即使是初学者也能操作轻松,快速上手。快剪辑内置一键分享功能,视频剪辑完成就可以发布上传,还可以添加字体特效、水印签名等。

具体功能特点:

(1)快剪辑是提供用户录制小视频及剪辑等功能的技术服务工具,包括录制小视频功能、剪辑功能、导出功能、分享发布功能、其他功能。

(2)录制小视频。支持录制视频,只要可以播放,就可以录制;插件提供了超清录制、高清录制、标清录制三种录制模式,还可自定义区域录制。视频录制完之后,插件还提供了简单的视频处理功能,包括裁剪、特效字幕、去水印等,可对视频进行简单加工。

(3)视频美化加工。多种美化功能,操作简单。

(4)一键分享至多平台。省去繁琐的上传分享操作,一键即可分享至多平台。

巩固提升——社团活动短视频制作

1. 任务要求

校园中五彩缤纷的社团活动丰富了我们的课余生活,也为我们提供了展示自我能力与发挥创造力的舞台。请为丰富多彩的社团活动制作视频短片,要求视频故事线清晰,剧情安排合理,素材衔接得当,具有一定的审美价值。

2. 任务实施

步骤(1):软件准备。选择适合自己的视频编辑器,开始短视频制作,可以选择快剪辑软件。

步骤(2):脚本设计。根据社团活动的主题进行分镜头设计。

步骤(3):视频素材采集与整理。

①视频素材获取的方式有很多,可以根据需求,自己拍摄,也可以去互联网下载,注意不要侵犯版权,尊重网络知识产权。

②将采集来的素材进行系统化整理,可以根据"视频""音频""图片"分类于不同文件夹中,也可根据不同的脚本内容进行分类。

步骤(4):添加素材。

①将素材添加到视频编辑器中,并按照脚本设计将素材有序地排布于时间轴轨道中。

②对每段素材的入点和出点进行调节,保证前后素材内容上的合理衔接。

③切换到素材编辑模式,对各段素材展开编辑,调整图像大小、图像亮度、对比度等,以获得最优的视频质量。

步骤(5):添加文字标题。在合适的节点插入文字标题,并调节至合适的字体、字号和位置。

步骤(6):添加过渡效果。选择合适的过渡效果添加于视频衔接处,缓和不同场景切换的突兀感,达到上下文衔接的自然过渡效果。

步骤(7):视频导出。最后将视频导出,以"×××社团活动"命名文件。

实验 6-4　使用网盘存储办公文件

实验目的

1. 掌握百度网盘的注册方法；
2. 熟练使用百度网盘。

实验内容

1. 注册与登录百度网盘；
2. 使用百度网盘。

实验步骤

1. 注册与登录百度网盘

步骤（1）：下载百度网盘安装程序，完成安装，快捷方式如图 6-29 所示。

图 6-29　百度网盘快捷方式

步骤（2）：双击快捷方式，打开百度网盘登录界面，如图 6-30 所示。

图 6-30　百度网盘登录界面

步骤(3)：在登录界面下方，单击"注册账号"，按照系统提示逐步完成账号注册。百度网盘支持用微信、QQ、微博快速登录。

2. 使用百度网盘

步骤：登录百度网盘后，界面如图 6-31 所示，百度网盘工作界面主要包含切换窗格、工具栏和文件显示区。

切换窗格：用于文件存储分类，单击"图片"选项卡可查看图片文件，单击"文档"选项卡可查看文档文件，以此类推。

工具栏：工具栏主要用于文件的上传和下载等操作，单击"　上传　"按钮，可将计算机中的文件上传到网盘；单击"　离线下载▼　"可将网盘中的文件下载到计算机；另外，还可以进行新建文件夹与新建在线文档操作。

文件显示区：文件显示区用于显示网盘中存放的文件，选择某个或多个文件，可执行下载、删除等操作。

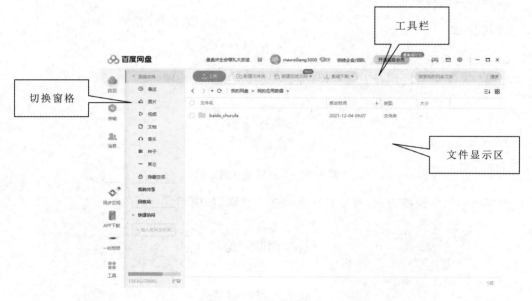

图 6-31　百度网盘窗口

实验拓展

1. 打印一份编辑好的 Word 文档。
2. 拍摄一张照片并上传至网盘进行存储。

第七章　**Python** 程序设计入门

Python 是一种跨平台的、面向对象的、解释型的程序设计语言,应用于 Web 应用开发、数据分析、图形图像处理、科学计算等众多领域。Python 具有以下主要特点:

(1)简单、易学。Python 是一种代表简单主义思想的语言。Python 的语法很简单,使用 Python 编程,不必像 C 语言那样关注内存空间的使用,可以自动地进行内存分配和回收。一个好的 Python 程序阅读起来就感觉像是在读英语文章一样。

(2)免费、开源。Python 是自由开放源码软件之一。用户可以自由地发布该软件的拷贝,进行修改,用户在使用过程中不需要支付任何费用,也不存在版权问题。

(3)可移植性(跨平台)。Python 编写的程序可以被移植到许多平台上运行,如 Windows、Android 等。

(4)丰富的类库资源。Python 标准库很庞大,还可以加载数量庞大的第三方库。因此使用 Python 开发,许多功能不需要从零开始编写,直接从库里使用现成的即可快速构建相关应用程序。

知识点 1:Python 中的标识符

标识符就是程序中用户给变量、函数、类、模块和其他对象定义的名称,在 Python 中标识符的命名必须遵守一定的命名规则。一般标识符可以由英文字符(A~Z 和 a~z)、下划线和数字组成,但第一个字符不能是数字,且标识符不能与 Python 中的保留字相同。标识符区分字母大小写,例如 abc 和 Abc 是两个不同的标识符,并且标识符中不能包含空格、@、%、$ 等特殊字符。

知识点 2:Python 的书写规范

学习 Python 的具体语法之前,我们需要了解 Python 语句的一些书写规则。Python 通常是一行书写一条语句,如果一行内书写多条语句,语句间应使用分号分隔。需要注意的是,Python 程序中的符号都应该在英文状态下输入,例如分号(;)、冒号(:)和反斜杠(\)等。

知识点 3:常量与变量

在程序运行中其值不会发生改变的量称为常量。在程序运行中其值随时都有可能发生变化的量称为变量。Python 中的变量赋值前不需要显式地进行数据类型申明,它会根据赋值或运算结果自动判断变量的数据类型。

知识点 4：Python 中常用的数据类型

Python 中常见的数据类型有整型、浮点型、复数、布尔型、字符串型等，其中整型、浮点型、复数又统称为数值型。

1. 数值型

（1）整型（int）：整型数据可以是正整数或负整数，无小数点。如 5、－6、0。

（2）浮点型（float）：浮点型数据是带小数的数据。浮点型数据可以用十进制表示，如 5.3、－6.7；也可以使用科学记数法表示，如 2.1e2、－2.1E2。

可以用 Python 提供的数值类型转换函数实现以上两种数值型数据的转换。浮点型数据转换为整型数据用 int()函数，整型数据转换为浮点型数据用 float()函数。

2. 布尔型（bool）

布尔型数据只有 True 和 False，这两个数据转换为数值型分别是 1 和 0。

3. 字符串型（str）

Python 中的字符串是用英文的单引号或双引号或三引号括起来的字符，Python 没有单独的字符类型，一个字符就是长度为 1 的字符串。如"123"、"hello world"。

知识点 5：输入、输出函数

Python 用于读取键盘输入字符的内建函数是 input()，它是一个基本的 I/O 流函数，用于从标准输入设备读入一行文本（标准输入设备默认是键盘）。input()函数可以接收一个 Python 表达式作为输入，并将运算结果返回。

在 Python 语言中，使用内置函数 print()可以将内容输出到 IDLE 或者标准控制台上。print()函数的用法格式为：print(输出内容)。输出内容可以是字符串、数字、运算表达式。如果是字符串则需要使用引号括起来，可以是单引号也可以是双引号；如果是运算表达式则将结果输出出来。

知识点 6：Python 流程控制结构

Python 流程控制结构主要分为 3 种：顺序结构、选择结构（分支结构）和循环结构。顺序结构是流程控制中最简单的一种结构。该结构的特点是按照语句的先后顺序依次执行，每条语句只执行一次。选择结构也叫分支结构，Python 中用 if 语句来实现分支结构控制，还可以使用 if-elif 结构来实现多分支控制。循环结构是指在满足一定条件情况下，重复执行一组语句的结构。本章节中主要学习 while 循环和 for 循环。

实验 7-1　Python 运行环境的搭建

实验目的

1. 掌握 Python 的下载和安装方法；
2. 掌握 PyCharm 的下载和安装方法；
3. 掌握如何使用 Lightly 在线编程。

实验内容

1. Python 3.8.6 的下载安装；
2. PyCharm 的下载安装；
3. 使用 Lightly 在线编程。

实验步骤

1. Python 3.8.6 的下载安装

步骤(1)：查看计算机操作系统版本。首先要查看需要安装 Python 软件的这台电脑的操作系统版本是否适合安装 Python。

步骤(2)：下载 Python 安装包。进入 Python 官网（www. python. org）主页，如图 7-1所示，点击 Downloads 菜单下的 Windows 选项后会弹出适用于 Windows 操作系统的Python安装包下载界面，在众多版本的 Python 安装包中，选择下载适用于 64 位 Windows操作系统的 Python 3.8.6 安装包。

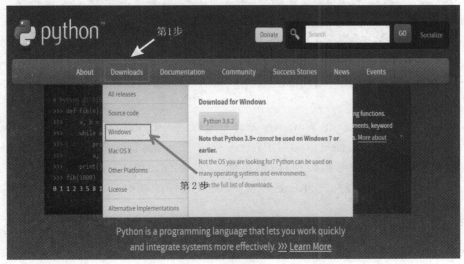

图 7-1　Python 官网

步骤(3):在 Windows 操作系统上安装 Python。

①双击下载的 Python 3.8.6 安装包,可弹出如图 7-2 所示的安装界面,先勾选"Add Python 3.8 to PATH"这个选项,然后根据需求选择默认安装(Install Now)或自定义安装(Customize installation),我们这里选择默认安装(Install Now)。

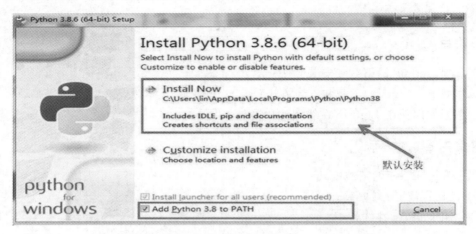

图 7-1　python 3.8.6 安装界面

②其余步骤,根据每个对话框提示单击"Next"按钮,即可完成安装。

③安装完成后,在 Windows"开始"菜单运行框中输入 cmd,打开命令窗口,在命令窗口的终端输入"python",然后回车,会出现 Python 的版本号(Python 3.8.6)和 Python 提示符(＞＞＞),说明安装成功,如图 7-3 所示。

图 7-3　Python 3.8.6 安装成功界面

步骤(4):进入 Python。在 Windows 的命令窗口进入 Python 交互模式,如图 7-3 所示,当出现"＞＞＞"提示符时,便可以编写 Python 程序了。也可以在 Windows 的开始菜单中找到 Python 项下面的 IDLE 选项图标,单击该选项,在弹出的 Python 3.8.6 Shell 交互界面编写 Python 程序(图 7-4)。IDLE 是开发 Python 程序的基本 IDE(集成开发环境),具备基本的 IDE 的功能。

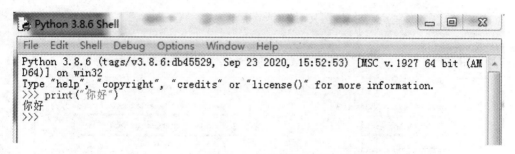

图 7-4 Python 3.8.6 Shell 界面

2. PyCharm 的下载和安装

步骤（1）：下载 PyCharm 安装包。在 PyCharm 的官网（www.jetbrains.com/pycharm/download）即可下载 PyCharm 软件包（图 7-5），有 Windows、Mac、Linux 三种系统的版本系列，每个版本系列里又分为专业版（Professional）和社区版（Community）。专业版是收费的，功能全面；社区版是免费的，功能不如专业版全面，但也能满足学生使用。我们选择社区版，点击 Download 开始下载最新版本。

图 7-5 PyCharm 的官网

步骤（2）：安装 PyCharm。

①双击 PyCharm 安装包，出现"欢迎安装界面"，单击"Next"。

②出现"安装路径选择界面"，在"安装路径选择界面"更改安装路径，推荐安装在 D 盘，如果 C 盘容量大的话，也可以不改，确定好安装位置后单击"Next"。

③出现图 7-6 所示的"安装选项界面"时勾选所需要的选项，确认好选项后，单击"Next"。如果有把"Add launchers dir to the PATH"选项选上，PyCharm 安装完成后要重新启动计算机。

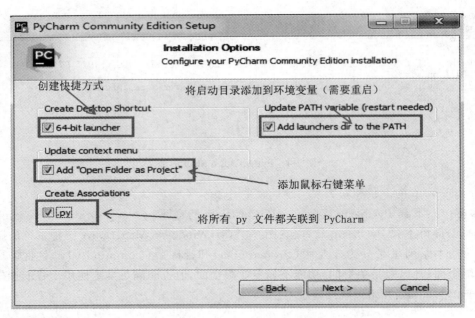

图 7-6　PyCharm 安装选项界面

步骤（3）：启动 PyCharm。首次启动 PyCharm，会弹出配置窗口，如果之前使用过 Pycharm 并有相关的配置文件，则在此处选择第一个选项；如果没有，则默认为第二个选项，即不要导入配置文件。然后单击"OK"按钮，会出现"Welcome to PyCharm"界面，表示 Pycharm 安装并启动成功。

3. 使用 Lightly 在线编程

Lightly 是 TeamCode 旗下的一款完全免费的云端 IDE（集成开发环境），支持高亮显示、自动补全、多语种选择、安装第三方库、多人在线协作等功能。

打开浏览器输入地址"https://lightly.teamcode.com/"，在图 7-7 的界面中点击"在线使用"按钮，可以通过微信扫码、QQ 扫码或手机号验证码等方式注册登录。

图 7-7　Lightly IDE 界面

登录成功后就可以在　Lightly IDE 中新建项目（图 7-8），进行 Python 编程，非常方便快捷。

图 7-8　Lightly IDE 中新建 Python 项目

实验 7-2　Python 的变量及输入输出

实验目的

1. 学习 Python 的常量与变量；
2. 学习 Python 中的赋值及输入、输出语句；
3. 掌握 Python 变量的使用；
4. Python 数据类型的转换。

实验内容

1. 在 Python 中给变量赋值和命名；
2. 在 IDLE 进行输入输出程序的编写执行；
3. 定义变量并输出变量值；
4. 进行 Python 数据类型的转换。

实验步骤

1. Python 的常量与变量

在程序运行中其值不会发生改变的量称为常量,在程序运行中其值随时都有可能发生变化的量称为变量。Python 中的变量赋值前不需要显式地进行数据类型声明,它会根据赋值或运算结果自动判断变量的数据类型。

(1)Python 变量的赋值方式

```
y=1              ♯给 y 赋值 1,同时声明变量 y 是整型变量
x=y=1            ♯给 x,y 赋值 1,同时声明变量 x 和 y 是整型变量
x,y=[1,2]        ♯给 x,y 分别赋值 1 和 2,同时声明变量 x 和 y 是整型变量
x+=1             ♯把 x+1 的结果赋值给 x
msg="Hello!"     ♯把字符串 Hello! 赋值给字符变量 msg
```

在 Python 中"♯"常被用作单行注释符号表示注释。在代码中使用"♯"时,它右边的任何数据都会被忽略,不会被执行。

(2)Python 变量命名规则

①只能包含字母、数字、下划线。

②不能以数字开头。

③英文字母区分大小写。

④系统关键字不能作为 Python 变量名使用。

一般变量名的每个单词首字母大写,或第一个单词首字母小写其他单词首字母都大写,或单词之间用下划线相连。不建议使用系统内置函数、类型名、模块名来命名变量。根据上述规则,以下都是 Python 中的合法名称:x,zhangsan,spaint,spaint2,SpamAndEggs,Sum_age_001。

2. 输入、输出函数

(1)Python 输入函数

input()函数可以接收标准输入的字符,返回值是字符串。应用输入语句的目的是从程序的用户那里获取一些信息,并存储到变量中。

语法格式:变量名=input("提示信息字符串")

例如:

```
Name=input("请输入你的名字")
message =input("你想说的信息是")
```

(2)Python 输出函数

在 print()函数的括号中加上字符串,就可以打印输出指定的字符串,以下是几种常见的输出形式:

①print()函数的括号中只有常量

```
print("鸡蛋")                      ♯输出结果是:鸡蛋
print("梨子","蛋","橘子")          ♯输出结果是:梨子 蛋 橘子
```

②print()函数的括号中只有变量

```
a='柚子'
b='鸡蛋'
print(a,b)                         ♯输出结果是:柚子 鸡蛋
```

③print()函数的括号中既有常量也有变量

```
a='语文'
print("张老师教的是",a)            ♯输出结果是:张老师教的是语文
```

（3）Python 输入函数

Python 提供了 input()内置函数从标准输入（键盘）读入一行文本，默认的标准输入是键盘。input()函数等待用户从键盘输入，接收一个字符串。空格可以输入，只有回车不接受，作为结束符。

```
Name=input("请输入你的名字")
message =input("你好 Python!")
print("您的名字是",Name)
print("您说的消息是",message)
```

3. Python 变量的使用

在 IDlE 中，创建一个名称为"Python21.py"的 Python 文件，在"Python21.py"中输入如下代码：

```
myName="Lily"      ♯给变量 myName 赋值"Lily",同时声明 myName 是字符串变量
a=myName[3]        ♯把 myName 中索引号为 3 的字符赋值给 a 变量
b=myName[0:2]      ♯b 取 myName 中索引号 0 到索引号 2 前一个字符的子串
myAge=18           ♯给变量 myAge 赋值 18,同时声明 myAge 是整型变量
myAge=16           ♯给变量 myAge 重新赋值 16
print(myName)      ♯打印输出变量 myName 的值
print(myAge)       ♯打印输出变量 myAge 的值
print(a)           ♯打印输出变量 a 的值
print(b)           ♯打印输出变量 b 的值
```

程序运行结果如图 7-9 所示。

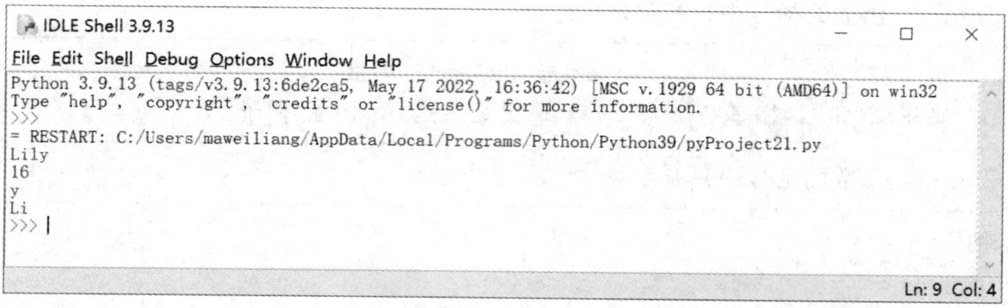

图 7-9　程序运行结果

4. 数据类型的转换

在 IDLE 中输入如下代码：

```
int(5.3)    ♯把浮点型 5.3 转化为整型,结果是去掉小数点后面的数
float(6)    ♯把整型 6 转化为浮点型
int("66")   ♯可以用于将数字字符串 66 转换为数字
```

Python 数据类型转换与输出：

在 IDLE 中,创建一个名称为"Python22. py"的 Python 文件,在"Python22. py"中输入如下代码：

```
print(int(5.3))    ♯把浮点型 5.3 转化为整型,结果是去掉小数后面的数
print(float(6))    ♯把整型 6 转化为浮点型
print("\\abc\\")   ♯\\为转义字符,只能输出一个\
```

拓展实践

(1)将一句名人名言存储到变量"str"中,再使用 print 语句将其打印出来,文件命名为"prict01. py"。

(2)用 input 语句获取姓名、性别、年龄,并用 print 语句输出,文件命名为"prict02. py"。

实验 7-3　Python 中的运算符

实验目的

1. 掌握 Python 的算术运算符；

2. 掌握关系运算符和逻辑运算符；

3. 掌握成员运算符。

实验内容

1. Python 算术运算符的使用；
2. Python 关系运算符和逻辑运算符的使用；
3. Python 成员运算符的使用。

实验步骤

Python 运算符包括算术运算符、关系运算符、逻辑运算符、位运算符、成员运算符等。其中比较常用的有算术运算符、关系运算符、逻辑运算符、成员运算符。

1. 算术运算符

常见的算术运算符见表 7-1。

表 7-1　常见的算术运算符

运算符	作用	优先级
＋,－	加法运算，减法运算	1
＊、/、//、％	乘法、除法、整除、取余	2
＋、－	正号和负号	3
＊＊	（幂）指数	4
（）	括号	5

算术运算符的优先级如表所示，表中优先级由低到高排列，其中序号为 1 的优先级别最低，在表达式中同一优先级的运算符按从左到右顺序运算。

例 7-1　计算长方形的面积，长和宽由键盘输入后，然后输出面积。

在 IDLE 中，创建一个名称为"Python31.py"的 Python 文件，在"Python31.py"中输入如下代码：

```
a＝int(input("请输入长方形的长"))
b＝int(input("请输入长方形的宽"))
s＝a＊b
print("{0}{1}".format("长方形的面积为:",s))
```

运行结果如图 7-10 所示。

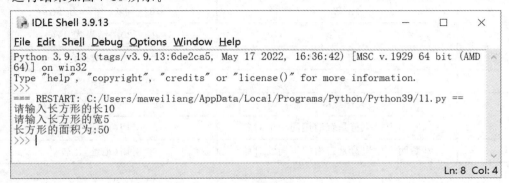

7-10　程序运行结果

format 是 Python 的格式字符串函数,主要通过字符串中的花括号{}来识别替换字段,从而完成字符串的格式化。如本题中用{0}来识别"长方形的面积为:",{1}来识别变量 s。

例 7-2 编写一个程序,x,y,z 为浮点型,x 和 y 的值由键盘输入,输出 z 的值。

$$z = \frac{6x+2y}{2} + \frac{x^3}{4}$$

在 IDLE 中,创建一个名称为"Python32. py"的 Python 文件,在"Python32. py"中输入如下代码:

```
x=float(input("请输入 x 的值:"))
y=float(input("请输入 y 的值:"))
z=(6*x+2*y)/2+x**3/4
print(z)
```

运行结果如图 7-11 所示。

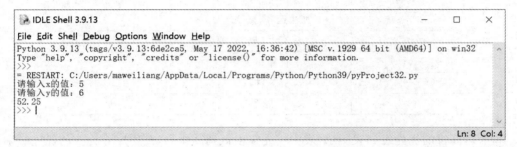

图 7-11 程序运行结果

2. 关系运算符和逻辑运算符

关系运算符用于判断两个值的关系,关系运算的结果只有 False(假)或 True(真)两种。字符串比较也可以使用关系运算符,比较时按字符在编码表中的位置来决定其大小,位置靠前的字符比位置靠后的字符小。

常见的关系运算符见表 7-2。

表 7-2 常见的关系运算符

关系运算符	作用	举例
==	等于	10==20 结果为 False
!=	不等于	10!=20 结果为 True
<	小于	10<20 结果为 True
<=	小于或等于	10<=20 结果为 True
>	大于	10>20 结果为 False
>=	大于或等于	10>=20 结果为 False
is	判断两个标识符是否引用同一个对象	引用(地址)比较
is not	判断两个标识符是否引用不同的对象	引用(地址)比较

逻辑运算符用来连接若干个关系表达式，以便构造复杂的判断。逻辑运算符包括 and、or、not，逻辑运算的结果也只有 False(假)或 True(真)两种。

在 IDLE 中，创建一个名称为"Python33.py"的 Python 文件，在"Python33.py"中输入如下代码：

```
print(100>=20,100<=20)
print(100>20 and 100!=20)
print(100>20 or 100<20)
print(not 100>20)
```

运行结果如图 7-12 所示。

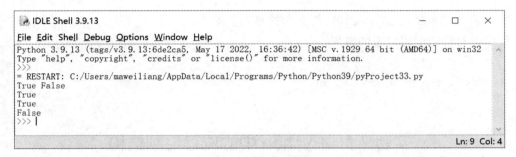

图 7-12　程序运行结果

3. 成员运算符

成员运算符用来判断一个元素是否在某一个序列中。比如，判断一个字符是否属于某个字符串，判断某个对象是否为列表中的一个元素等。Python 中成员运算符如表 7-3 所示。

表 7-3　成员运算符

运算符	操作
in	元素在指定的序列中找到，返回 True；否则返回 False
not in	元素在指定的序列中没有找到，返回 True；否则返回 False

在 IDLE 中，创建一个名称为"Python34.py"的 Python 文件，在"Python34.py"中输入如下代码：

```
a="abc"
b="abcabccdd"
print(a in b)
print(a not in b)
```

运行结果如图 7-13 所示。

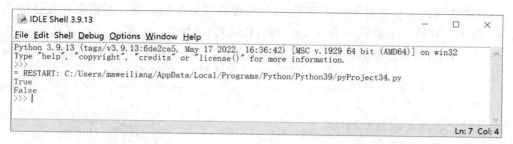

图 7-13 程序运行结果

实践拓展

(1)输入三个变量 x,y,z 的值,将它们的平均值输出。

(2)编程打印输出以下的结果。

3>1 or 2 and 2

not 3 >2 and 3<4 or 4 >5 and 9<8

实验 7-4 Python 中的流程控制结构

实验目的

1. 掌握 if-else 分支语句;

2. 掌握 while 循环语句;

3. 学习 for 循环语句。

实验内容

1. if-else 分支语句的使用;

2. while 循环语句的使用;

3. for 循环语句的使用。

实验步骤

1. if-else 分支语句

Python 中用 if 语句来实现分支结构控制,也可以使用 if-elif 结构来实现多分支控制,下面我们来看一下 if-else 分支语句的语法格式。

if 条件:

    条件为真时要执行的语句块

else:

    条件为假时要执行的语句块

在 if-elif 结构中 if 和 else 语句末尾的冒号不能省略,真或假的语句块都必须向右缩进相同的距离。此外,if 可以嵌套使用,else 分支可以省略,但 else 不能单独使用。

例 7-3　判断两个数的大小,键盘输入整数 a、b,如果 a>b,就输出 a>b,否则输出 b>=a。

在 IDLE 中,创建一个名称为"Python41.py"的 Python 文件,在"Python41.py"中输入如下代码:

```
a＝int(input("请输入 a 的值"))
b＝int(input("请输入 b 的值"))
if a>b：
    print(a,">",b)
else：
    print(b,">=",a)
```

运行结果如图 7-14 所示。

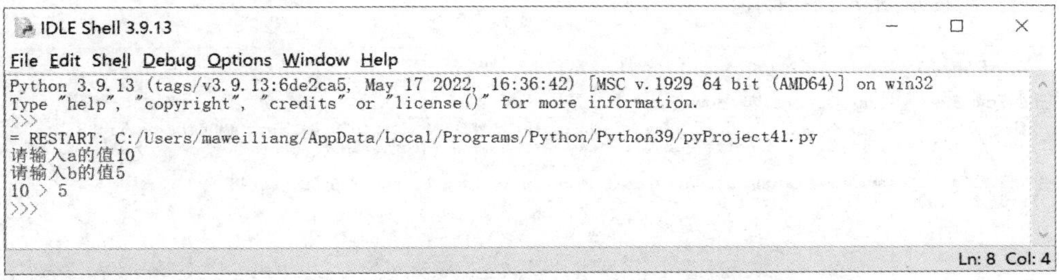

图 7-14　程序运行结果

例 7-4　输入名字,当输入名字等于张三时就打招呼,如果不是张三则显示"Hello,陌生人"。

在 IDLE 中,创建一个名称为"Python42.py"的 Python 文件,在"Python42.py"中输入如下代码:

```
name = input("请输入您的名字")
if name.endswith("张三")：
    print("Hello，张三")
else：
    print("Hello，陌生人")
```

endswith()是一个判断字符串是否以指定字符或子字符串结尾的函数。

2. while 循环语句

使用 while 循环语句可以解决程序中需要重复执行的操作,while 循环语句格式如下:

```
while(循环条件)：
    循环体
```

执行到 while 循环的时候,先判断"循环条件","循环条件"若为 False,退出循环。如果"循环条件"为 True,则执行下面缩进的循环体,执行完循环体,再判断"循环条件",若"循环条件"还为 True,继续执行循环体;若"循环条件"为 False,则退出循环。

例 7-5 实现累加的算法:求 sum=1+2+…+100,然后输出 sum 的值。

在 IDLE 中,创建一个名称为"Python43.py"的 Python 文件,在"Python43.py"中输入如下代码:

```
sum=0
i=1
while i<=100:
    sum=sum+i
    i=i+1
print("1+2+3+... +100","=",sum)
```

运行结果如图 7-15 所示。

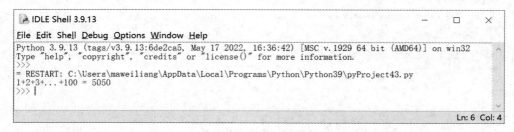

图 7-15   程序运行结果

在 while 循环中,while 条件之后的冒号不能去掉,冒号后一行为循环体语句,循环体所有语句必须对齐,且与 while 的位置具有相同的缩进。

例 7-6 可以使用 while 循环来确保用户输入名字,如果没有输入则重复循环,直到输入姓名后退出循环并输出:

在 IDLE 中,创建一个名称为"Python44.py"的 Python 文件,在"Python44.py"中输入如下代码:

```
name = ''
while not name:
    name = input('请输入您的名字:')
print('Hello, {}! '.format(name))
```

执行结果如图 7-16 所示。

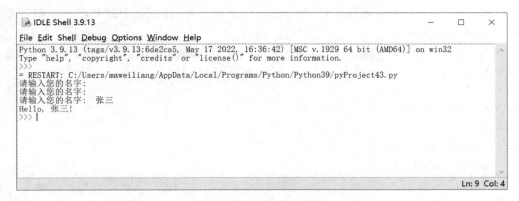

图 7-16　程序运行结果

3. for 循环语句

for 循环是重复一定次数的循环,属于计数循环。

for 循环语句语法格式如下:

```
for 变量 in range(起始值,结束值):
    循环体语句块
```

for 循环在执行过程中,变量依次被赋值为起始值,然后依次增加 1,执行缩进块中的循环体语句,直到变量赋值为结束值,循环结束。

例 7-7　实现累积加,计算 $1+2+\cdots+10$ 的和,并输出结果。

在 IDLE 中,创建一个名称为"Python45.py"的 Python 文件,在"Python45.py"中输入如下代码:

```
sum=0
for i in range(1,11):
    sum=sum+i
print("1 到 10 所有整数的和是%d"%sum)
```

运行结果如图 7-17 所示。

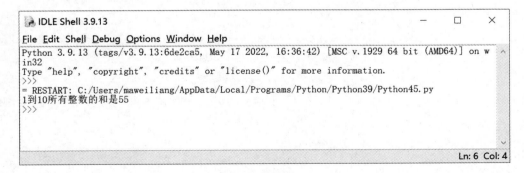

图 7-17　程序运行结果

245

　　for 语句那一行的末尾要加冒号,冒号后一行为循环体,循环体中的每条语句都要缩进至相同的缩进级别。

　　使用 for 循环语句实现累积加,计算 $1+2+\cdots+n$ 的和,n 由用户自己输入,并最终输出结果。其代码如下:

```
n＝int(input("请输入一个整数 n:"))
sum＝0
for i in range(1,n＋1):
    sum＝sum＋i
print(sum)
```

实践拓展

　　(1)输入两个大于零的整数 a、b,判断 a 与 b 的大小,如果 a 大于 b,则输出 a×b 的值,否则输出 a＋b 的值,文件名为"prict03. py"。

　　(2)编程求 $s＝1×2×3×\cdots×n$ 即求 n!,文件名为"prict04. py"。

　　(3)输入三个整数 x,y,z,请把这三个数由小到大输出,文件名为"prict05. py"。

　　(4)编程求 1!＋2!＋3!＋4!＋5! 的和,文件名为"prict06. py"。

附录一

全国计算机等级考试一级计算机基础及 MS Office 应用考试大纲(2021 年版)

基本要求

1. 掌握算法的基本概念。

2. 具有微型计算机的基础知识(包括计算机病毒的防治常识)。

3. 了解微型计算机系统的组成和各部分的功能。

4. 了解操作系统的基本功能和作用,掌握 Windows 7 的基本操作和应用。

5. 了解计算机网络的基本概念和因特网(Internet)的初步知识,掌握 IE 浏览器软件和 Outlook 软件的基本操作和使用。

6. 了解文字处理的基本知识,熟练掌握文字处理软件 Word 2016 的基本操作和应用,熟练掌握一种汉字(键盘)输入方法。

7. 了解电子表格软件的基本知识,掌握电子表格软件 Excel 2016 的基本操作和应用。

8. 了解多媒体演示软件的基本知识,掌握演示文稿制作软件 PowerPoint 2016 的基本操作和应用。

考试内容

一、计算机基础知识

1. 计算机的发展、类型及应用领域。

2. 计算机中数据的表示与存储。

3. 多媒体技术的概念与应用。

4. 计算机病毒的概念、特征、分类与防治。

5. 计算机网络的概念、组成和分类,计算机与网络信息安全的概念和防控。

二、操作系统的功能和使用

1. 计算机软、硬件系统的组成及主要技术指标。

2. 操作系统的基本概念、功能、组成及分类。

3. Windows 7 操作系统的基本概念和常用术语,文件、文件夹、库等。

4. Windows 7 操作系统的基本操作和应用:

(1)桌面外观的设置,基本的网络配置。

(2)熟练掌握资源管理器的操作与应用。

（3）掌握文件、磁盘、显示属性的查看、设置等操作。

（4）中文输入法的安装、删除和选用。

（5）掌握对文件、文件夹和关键字的搜索。

（6）了解软、硬件的基本系统工具。

5. 了解计算机网络的基本概念和因特网的基础知识，主要包括网络硬件和软件，TCP/IP 协议的工作原理，以及网络应用中常见的概念，如域名、IP 地址、DNS 服务等。

6. 能够熟练掌握浏览器、电子邮件的使用和操作

三、文字处理软件的功能和使用

1. Word 2016 的基本概念，Word 2016 的基本功能、运行环境、启动和退出。

2. 文档的创建、打开、输入、保存、关闭等基本操作。

3. 文本的选定、插入与删除、复制与移动、查找与替换等基本编辑技术，多窗口和多文档的编辑。

4. 字体格式设置、文本效果修饰、段落格式设置、文档页面设置、文档背景设置和文档分栏等基本排版技术。

5. 表格的创建、修改，表格的修饰，表格中数据的输入与编辑，数据的排序和计算。

6. 图形和图片的插入，图形的建立和编辑，文本框、艺术字的使用和编辑。

7. 文档的保护和打印。

四、电子表格软件的功能和使用

1. 电子表格的基本概念和基本功能，Excel 2016 的基本功能、运行环境、启动和退出。

2. 工作簿和工作表的基本概念和基本操作，工作簿和工作表的建立、保存和退出；数据输入和编辑；工作表和单元格的选定、插入、删除、复制、移动；工作表的重命名和工作表窗口的拆分和冻结。

3. 工作表的格式化，包括设置单元格格式、设置列宽和行高、设置条件格式、使用样式、自动套用模式和使用模板等。

4. 单元格绝对地址和相对地址的概念，工作表中公式的输入和复制，常用函数的使用。

5. 图表的建立、编辑、修改和修饰。

6. 数据清单的概念，数据清单的建立，数据清单内容的排序、筛选、分类汇总，数据合并，数据透视表的建立。

7. 工作表的页面设置、打印预览和打印，工作表中链接的建立。

8. 保护和隐藏工作簿和工作表。

五、PowerPoint 的功能和使用

1. PowerPoint 2016 的基本功能、运行环境、启动和退出。

2. 演示文稿的创建、打开、关闭和保存。

3. 演示文稿视图的使用，幻灯片的基本操作（编辑版式、插入、移动、复制和删除）。

4. 幻灯片的基本制作方法（文本、图片、艺术字、形状、表格等插入及格式化）。

5. 演示文稿主题选用与幻灯片背景设置。

6. 演示文稿放映设计(动画设计、放映方式设计、切换效果设计)。

7. 演示文稿的打包和打印。

考试方式

上机考试,考试时长 90 分钟,满分 100 分。

一、题型及分值

单项选择题(计算机基础知识和网络基本知识)20 分;

Windows 7 操作系统的使用 10 分;

Word 2016 操作 25 分;

Excel 2016 操作 20 分;

PowerPoint 2016 操作 15 分;

浏览器(IE)的简单使用和电子邮件收发 10 分。

二、考试环境

操作系统:Windows 7;

考试环境:Microsoft Office 2016。

附录二

全国计算机等级考试二级 MS Office 高级应用与设计考试大纲(2021 年版)

基本要求

1. 正确采集信息并能在文字处理软件 Word、电子表格软件 Excel、演示文稿制作软件 PowerPoint 中熟练应用。

2. 掌握 Word 的操作技能,并熟练应用编制文档。

3. 掌握 Excel 的操作技能,并熟练应用进行数据计算及分析。

4. 掌握 PowerPoint 的操作技能,并熟练应用制作演示文稿。

考试内容

一、Microsoft Office 应用基础

1. Office 应用界面使用和功能设置。

2. Office 各模块之间的信息共享。

二、Word 的功能和使用

1. Word 的基本功能,文档的创建、编辑、保存、打印和保护等基本操作。

2. 设置字体和段落格式、应用文档样式和主题、调整页面布局等排版操作。

3. 文档中表格的制作与编辑。

4. 文档中图形、图像(片)对象的编辑和处理,文本框和文档部件的使用,符号与数学公式的输入与编辑。

5. 文档的分栏、分页和分节操作,文档页眉、页脚的设置,文档内容引用操作。

6. 文档的审阅和修订。

7. 利用邮件合并功能批量制作和处理文档。

8. 多窗口和多文档的编辑,文档视图的使用。

9. 控件和宏功能的简单应用。

10. 分析图文素材,并根据需求提取相关信息引用到 Word 文档中。

三、Excel 的功能和使用

1. Excel 的基本功能,工作簿和工作表的基本操作,工作视图的控制。

2. 工作表数据的输入、编辑和修改。

3. 单元格格式化操作,数据格式的设置。

4. 工作簿和工作表的保护、版本比较与分析。

5. 单元格的引用，公式、函数和数组的使用。

6. 多个工作表的联动操作。

7. 迷你图和图表的创建、编辑与修饰。

8. 数据的排序、筛选、分类汇总、分组显示和合并计算。

9. 数据透视表和数据透视图的使用。

10. 数据的模拟分析、运算与预测。

11. 控件和宏功能的简单应用。

12. 导入外部数据并进行分析，获取和转换数据并进行处理。

13. 使用 PowerPiovt 管理数据模型的基本操作。

14. 分析数据素材，并根据需求提取相关信息引用到 Excel 文档中。

四、PowerPoint 的功能和使用

1. PowerPoint 的基本功能和基本操作，幻灯片的组织与管理，演示文稿的视图模式和使用。

2. 演示文稿中幻灯片的主题应用、背景设置、母版制作和使用。

3. 幻灯片中文本、图形、SmartArt、图像（片）、图表、音频、视频、艺术字等对象的编辑和应用。

4. 幻灯片中对象动画、幻灯片切换效果、链接操作等交互设置。

5. 幻灯片放映设置，演示文稿的打包和输出。

6. 演示文稿的审阅和比较。

7. 分析图文素材，并根据需求提取相关信息引用到 PowerPoint 文档中。

考试方式

上机考试，考试时长 120 分钟，满分 100 分。

1. 题型及分值

单项选择题 20 分（含公共基础知识部分 10 分）；

Word 操作 30 分；

Excel 操作 30 分；

PowerPoint 操作 20 分。

2. 考试环境

操作系统：中文版 Windows 7。

考试环境：Microsoft Office 2016。